박새가족의 숲속 친구들
행복한 자연 읽기

박새가족의 숲속 친구들
행복한 자연 읽기

펴낸날 2014년 1월 13일 초판 1쇄
글 · 사진 박영욱

펴낸이 조영권
만든이 김원국 · 정병길 · 노인향 · 박수미
꾸민이 김보형

펴낸곳 자연과생태
주소 서울 마포구 구수동 68-8 진영빌딩 2층
전화 (02) 701-7345-6 **팩스** (02) 701-7347
홈페이지 www.econature.co.kr
등록 제313-2007-217호

ISBN 978-89-97429-35-6 03400

행복한 자연 읽기

자연은 거대한 도서관이자 학교입니다. 또한 훌륭한 선생님이기도 하지요. 우리는 자연에서 배우는 학생입니다. 자연 속에 깃든 아름다움, 삶의 방법과 지혜, 사랑과 행복을 배우게 됩니다. 평생 공부해도 끝이 없는 배울 거리가 자연에 있습니다.

자연은 우리의 친구이기도 합니다. 자연은 우리에게 끊임없이 말을 걸고, 다채로운 이야기를 풀어냅니다. 그 이야기를 알아들을 수 있도록 자연과 자주 만나고, 한참동안 귀 기울일 줄도 알아야 합니다.

자연은 사람이 만들 수 없는 모든 것을 말합니다. 푸른 하늘의 하얀 구름, 스치는 바람, 우리를 지탱해주는 땅, 그것을 푸르게 만드는 다양한 식물과 그 속에 깃들어 사는 동물들이 어울려 살아가며 생태계를 이룹니다. 사람은 그 속에 있을 때 안정되며 행복을 느낍니다. 자연을 알아갈 때 어느 한 가지만 뽑아서 공부할 수 없는 이유도 바로 어울림 때문입니다.

제가 자연에서 본 많은 것들의 일부를 이 책에 담았습니다. 저의 감동과 느낌을 고스란히 옮길 수도 없었고, 모든 것을 담을 수도 없어 아쉽지만, 여러분이 직접 자연으로 나가 더 많은 것들을 보고 느끼기를 바랍니다.

끝으로 자연을 관찰하며 지낸 오랜 시간동안 묵묵히 지켜보시며 격려와 도움을 아끼지 않으신 부모님과 장모님, 형제들(특별히 서원이 가족과 효 가족), 여러 방법으로 도움을 주신 이미선·이미진·강건·김현덕·손경상·고경남·오해용 님께 감사드립니다. 아울러 이 책을 내도록 도와주신 자연과 생태 식구들께도 감사드립니다.

모든 시간을 함께 하며 도와준 사랑하는 아내 표선영과 세 아들 효운·정운·세운이와 함께 박새가족 이름으로 책을 냅니다.

원주 수암리에서 박영욱

무엇보다 안전한 게 최고!

요건 몰랐지?

씩씩하게 살아야지. 난 소중하니까!

보고만 있어도
피어오르는 사랑

"꿩 먹고 알 먹고"의 숨은 진실

새 중에 사람을 가장 많이 놀라게 하는 것이 바로 꿩입니다. 풀밭에 몸을 숨기고 가만히 앉아 있다가 사람이 바로 옆에까지 다가가면 날카롭게 "꿩, 꿩" 소리를 지르며 퍼드덕 날아갑니다. 이 소리가 어찌나 큰지, 놀라 자빠질 뻔 했던 일이 여러 번이고, 코앞에서 갑자기 지르는 소리에 놀라 엉덩방아를 찧은 적도 있습니다.

꿩은 시골의 들판이나 야산에서 흔히 만날 수 있는데다가 덩치도 크고, 깃털도 화려해서 사람들의 관심을 많이 받아왔습니다. 수컷을 장끼, 암컷을 까투리, 새끼를 꺼병이라고 달리 부르는 것도 그만큼 친숙하기 때문이지요.

"꿩 대신 닭"이라는 말이 있지요? 꿩은 대표적인 사냥감으로 꼽히고, 요리 재료로 쓰입니다. 속담 중에 "꿩 먹고 알 먹고"라는 말도 있습니다. 대수롭지 않게 쓰는 이 말이 사실은 까투리가 목숨을 걸고 알을 보살피는 습성에서 나온 것입니다.

까투리는 숲속 그늘진 곳에 둥지를 만들고 알을 열 개 이상 낳아 품습니다. 여느 때 같으면 사람이 나타나자마자 날아가 버리거나 덤불로 몸을 숨기지만, 알을 품고 있을 때는 꼼짝하지 않습니다. 그토록 겁이 많은 꿩이, 손을 뻗어 잡을 수 있을 만큼 가까이 다가가서 눈을 마주하고 앉아도 자리를 뜨지 않습니다. 마음만 먹는다면 꿩도 잡을 수 있고 품던 알도 거저 얻을 수 있지요.

알을 품는 까투리를 보며 마음이 찡합니다. 사람이 바로 앞에서 자기를 지켜보면 무서워 견디기 힘들 텐데, 우리의 엄마처럼 끝까지 알을 지키며 버팁니다.

숲속 바닥에
둥지를 틀고 알을
품는 까투리.
가까이 다가가도
꿈쩍하지 않고
알을 지킨다.
알을 
10∼15개
낳는다.

꿩 암컷(왼쪽)과 수컷(오른쪽). 풀밭이나 낮은 산 근처에서 주로 생활하며,
암컷은 까투리, 수컷은 장끼라고도 부른다.

예부터 장끼는 깃털이 화려하고,
고기는 식용했기 때문에
주된 사냥감이었다.

인기척을 느끼면 풀밭에 몸을 숨긴다.

불안해 몸을 잔뜩 움츠렸다.

가까이 다가가면 "껑, 껑"소리를 내며
갑자기 날아오르는 탓에 놀랄 때가 많다.

사이좋게
단잠에 빠져드는
예쁜 잎

어릴 적 시골에서 여러 가지 풀들로 반찬을 만들고 모래로 밥을 지으며 소꿉장난하던 기억이 납니다. 모래로 지은 밥은 먹는 척만 했지만 반찬으로 올려놓은 풀은 간식 삼아 씹어 먹기도 했습니다. 시큼하면서도 앵두 맛이 나는 괭이밥과, 수영, 맛있는 까마중 열매는 먹을 수 있는 단골 반찬이었습니다.

괭이밥을 토끼풀과 혼동하는 사람들이 많습니다. 괭이밥이나 토끼풀이나 잎이 세 장이고 붙은 모양이 닮아서인데, 토끼풀은 하얀색 꽃이 피고 잎이 둥글지만, 괭이밥은 노란색 꽃이 피고, 잎이 하트 모양이라서 쉽게 구별됩니다.

괭이밥이란 고양이의 밥이란 뜻입니다. 고양이는 쥐 같은 작은 동물을 잡아먹는 육식성이지만 속이 더부룩하거나 아플 때 가끔 괭이밥을 먹습니다. 이유를 생각해보니 괭이밥이 가진 시큼한 신맛 때문인 것 같습니다. 옥살산(oxalic acid, 수산)이라는 산 성분이 들어 있기 때문에 신맛이 나는데, 이것을 이용해 소화시키려는 것 같습니다.

가정에서 많이 키우는 사랑초라는 원예식물도 괭이밥과 닮았습니다. 사랑초를 옥살리스(Oxalis)라고도 부릅니다. 이것은 괭이밥과를 이르는 총칭으로 괭이밥 식구라는 뜻입니다. 사랑초라고 부르는 데는 이유가 있습니다. 해가 지면 잎이 아래로 모아져서 붙은 채로 밤을 보내는데, 껴안듯이 함께 붙어 있는 모습이 아름답게 보이기 때문입니다. 괭이밥도 사랑초와 같은 종류이기 때문

괭이밥 잎. 하트 모양의 잎으로 다른 식물과 확연히 구별된다.

무리지어
자라는 괭이밥

괭이밥 잎 색깔은 환경에 따라 조금씩 다르다.

날이 어두우면 잎이 아래로 모인다.

에 밤이 되거나 비가 오는 날에는 잎이 접힙니다.

제가 보기에는 사랑초라는 이름이 괭이밥에 더 어울려 보입니다. 잎이 하트 모양으로 생겼고, 봄부터 가을까지 노란 꽃다발을 계속해서 피워내며, 나팔 모양 꽃이 사랑한다고 크게 외치는 것 같습니다. 또 밤에는 잎을 가지런히 모으고 사랑의 단잠에 빠져들기 때문입니다.

가족들과 괭이밥도 먹어 보고, 백반 대신 괭이밥을 짓이겨 봉숭아 꽃잎과 함께 손에 물도 들여 보세요. 봉숭아물이 든 손가락으로 평생 사랑하며 살기로 약속하는 것도 행복한 추억이 될 것 같아요.

괭이밥 열매

까마중 열매. 까맣게 익은 것은 단맛이 난다.

괭이밥에 찾아온 남방부전나비.
괭이밥은 남방부전나비 애벌레의 먹이식물이다.

토끼풀 잎. 흔히 클로버라고 부르며 괭이밥 잎과는 달리 둥글다.

잎 색깔이 괭이밥과는 조금 다른 붉은괭이밥

큰괭이밥 잎. 괭이밥 보다는 넓은 삼각형이며,
마찬가지로 기온이 낮거나 어두우면 잎이 아래로 처진다.

사랑초 잎. 큰괭이밥과 색깔은 다르지만 비슷한 모양이다.

숲속에서 자라는 큰괭이밥 꽃. 꽃잎에 핏줄처럼 빨간 맥이 있다.

좋아서 추는
춤이 아니에요

쇠재두루미는 8,000미터가 넘는 히말라야 산맥을 넘어서 월동지와 번식지를 오갑니다. 인도, 아프리가, 미얀마 등지에서 겨울을 보내고 중앙아시아, 몽골, 중국 북동지역에서 번식하기 때문에 악천후와 급변하는 기상조건을 이겨내고 일 년에 두 차례 높은 산을 넘습니다.

쇠재두루미는 모습도 아름다워 새에 관심 있는 사람이라면 꼭 한번 보고 싶어 합니다. 단아한 회색빛 몸매, 까만색 긴 목, 눈 뒤로 하얗게 나 있는 깃털, 시선을 사로잡기에 충분할 만큼 매력적입니다.

한국에서는 쇠재두루미의 관찰기록이 단 한 번밖에 없을 정도로 보기가 쉽지 않지만, 6월 초에 번식지인 몽골에 가면 일부러 찾지 않아도 자주 마주칩니다. 때로는 한 쌍, 때로는 한 가족, 또는 수십 마리가 무리지어 다니는 모습도 볼 수 있습니다.

한 번은 어린 새끼 두 마리를 데리고 다니는 쇠재두루미 가족을 만났습니다. 어린 새를 가까이서 촬영하고 싶은 욕심에 다가가서 차를 세웠는데 새끼 두 마리는 뛰어가다가 땅에 납작 엎드렸고, 부모 새는 새끼들을 두고 백여 미터를 날아가 앉았습니다. 그러고는 목을 쭉 빼고 큰 소리를 내며 춤을 추었습니다. 새끼들에게 움직이지 말라는 신호이자, 나의 관심을 자기들에게 돌리려는 것이었습니다. 어찌나 미안한지 빨리 차를 돌려 자리를 떠났습니다.

이듬해, 쇠재두루미의 춤을 다시 볼 기회가 있었습니다. 여러 번 탐사한 끝에 좀처럼 보이지 않던 쇠재두루미의 둥지를 항가이산맥 언저리 물이 흐르는

쇠재두루미
한 쌍
새끼 한 마리를
키우고 있는
쇠재두루미 가족

어린 새. 위급한 상황에서는 땅에 엎드려 몸을 숨긴다.

습지 한가운데 만든 둥지.
다른 동물들이 접근하기 어려운 곳에 둥지를 만들었다.

습지에서 찾았습니다. 멀리서 새들의 움직임을 보고 망원경으로 위치를 확인한 뒤에 천천히 접근했습니다.

둥지 위치는 소나 말 등 다른 동물들이 접근하지 못하도록 발이 푹푹 빠질 만큼 축축한 습지 한가운데 있었습니다. 나뭇가지와 풀, 이끼를 쌓아 올려 만든 둥지에 달걀보다 조금 더 큰 알 두 개가 놓여 있었습니다.

내가 둥지를 보고 접근할 때 쇠재두루미는 이미 춤을 추기 시작했습니다. 둥지에 다다르니 더욱 격렬하게 춤을 추었습니다. 침입자의 관심을 다른 방향으로 돌리려는 것입니다. 둥지 반대편에서 큰 소리를 내며 날

갯짓을 하고, 펄쩍 펄쩍 뛰며 목을 U자 모양으로 휘고는 몸을 흔듭니다. 그러다가 목과 몸을 꼿꼿이 세우고 소리도 지릅니다. 두 마리가 함께 추는 춤이 얼마나 격렬한지 처절해 보이기까지 합니다. 작전에 성공했다 싶으면 이리저리 날며 침입자가 방향감각을 완전히 잃게 만듭니다. 짐작으로만 접근했다면 쇠재두루미의 작전에 완전히 휘말렸을 것입니다.

둥지를 확인하고 급히 빠져나왔습니다. 쇠재두루미의 행동이 너무 안쓰러워 더 지켜볼 수가 없었습니다. 내가 둥지에서 멀어지자 어미 새는 지체 없이 돌아와 둥지를 정비하고 알을 품었으며, 수컷은 옆에 와 둥지가 잘 있는지 확인하고 암컷을 격려합니다.

위험요소가 사라지면 둥지로 돌아와 알을 품는다.
수컷은 암컷 주위를 지키며 격려한다.

둥지의 존재를 알지 못하고 쇠재두루미의 춤을 보았다면 단순히 아름다운
구애행동으로 보였겠지만, 알과 새끼를 지키려는 것이라는 걸 알고 나니, 그 춤
이 아름다워 보이지만은 않았습니다. 몸짓 이면의 애틋함이 느껴졌습니다.

생김새가 아름다워
새에 관심 있는 사람들은
꼭 한번 보고 싶어 한다.

8개월쯤이야.
난 절대로
너를 놓지 않을 거야!

우리 집에서는 창문만 열어도 치악산이 보입니다. 치악산에는 아름드리 소나무 숲, 빽빽한 전나무와 잣나무 숲이 있고, 맑은 계곡 물이 흐르는 개울을 따라 평탄한 산책길이 나 있습니다. 그래서 호젓하게 걸으며 주위에 자라는 여러 가지 나무와 식물, 곤충과 예쁜 산새들을 만나기에 좋습니다.

치악산 자연관찰에 기쁨을 더해주는 것은 얼음장 같은 계곡 물에서 살아가는 물두꺼비입니다. 치악산 자락에 많은 생물이 살지만 물두꺼비가 특별한 것은 금강초롱과 함께 치악산 국립공원의 깃대종으로 선정되었기 때문입니다. 깃대종이란 유엔환경계획이 만든 개념으로, 특정 지역의 생태계를 대표할 수 있는 중요 생물을 뜻합니다.

물두꺼비는 우리가 잘 알고 있는 두꺼비와 비슷하게 생겼지만 크기가 작고 고막이 없습니다. 산간계곡 맑은 물이 흐르는 곳에서 살아가기에 수온과 수질 변화에 민감해 관심을 가지고 지켜볼 동물입니다.

물두꺼비는 물과 뭍을 오가는 양서류여서 물에서 사는 것이 당연하지만 두꺼비와는 다르게 정말 오랜 시간을 물속에서 지냅니다. 9월부터 이듬해 4월까지 8개월을 차가운 계곡 물속에서 겨울잠을 자고, 올챙이 시절도 물속에서 지내니 1년 중에 대부분을 물속에서 보내는 셈입니다. 얼음이 녹아서 흘러내리는 물은 손만 닿아도 오금이 저릴 정도로 시린데, 과연 물두꺼비라 부르는 이유를 알만 합니다.

수컷이 암컷을 껴안은 채로 긴 겨울잠을 잔다.

물두꺼비가 서식하는 환경.
맑은 물이 흐르는 계곡에서 산다.

날이 풀려 계곡을 덮었던 얼음이 녹으니
겨울잠을 자는 물두꺼비가 보인다(왼쪽 아래).

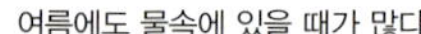

여름에도 물속에 있을 때가 많다.

물두꺼비 알. 물에 떠내려가지 않도록 물살이 완만한 곳의 돌에 감아 낳으며, 한 마리가 1,000개 정도를 낳는다.

더욱 놀라운 사실은 물속에서 보내는 겨울동안 혼자가 아니라 암수가 함께 붙어 있다는 것입니다. 9월, 수컷은 암컷 등에 올라가서 앞다리로 암컷의 몸을 꽉 껴안습니다. 암컷보다 크기가 작아 엄마 등에 업힌 새끼 같습니다. 수컷을 등에 업은 암컷이 개울의 돌이나 바위 아래로 찾아들어가 자리를 잡으면 그 상태로 긴 겨울잠에 빠져듭니다. 수컷 앞다리에는 생식혹이라고 부르는 까끌까끌한 돌기가 있어 한 번 감싸 안은 암컷을 놓치지 않습니다.

물두꺼비는 이제까지 관찰한 생물 중에서 암수가 가장 오래 붙어 지내는 동물입니다. 봄이 오면 곧바로 짝짓기를 해 알을 낳으려는 것입니다.

알에서 깨어 나온 올챙이들

물 바깥으로 나오는 물두꺼비

두꺼비보다 크기가 작고
고막이 없다.

초라한 집에 살지만 행복한 부부

행복한 가족을 대표하는 새를 꼽으라면 비둘기를 첫째로 칩니다. 비둘기는 늘 여유롭고, 평화로워 보입니다. 이제껏 상대방에게 날카롭게 굴거나 다투는 모습을 본 적이 없습니다. 따스한 햇빛이 비치는 맑은 날, "구구~구, 구. 구구~구, 구" 잔잔히 울려 퍼지는 멧비둘기의 노랫소리를 듣노라면 행복해지기까지 합니다.

우리나라의 산과 들에서 흔히 볼 수 있는 멧비둘기는 늘 한 쌍이 같이 붙어 다닙니다. 조용한 곳에 앉아 부리로 서로를 쓰다듬어 주는 모습이 참으로 다정해 보입니다. 한 마리만 보일 때도 있지만, 그 근처를 찾아보면 틀림없이 다른 한 마리가 있습니다.

멧비둘기는 마른 나뭇가지를 주어다 만든 둥지에 알을 두 개 낳습니다. 그런데 알을 낳은 둥지가 허술하기 짝이 없습니다. 둥지 아래에서 올려다 보면 알이 둥지 사이로 쑥 빠져나올 것 같이 엉성합니다. 한 마디로 둥지 같지 않은 둥지입니다. 다른 새들처럼 둥지 만드는 데 특별한 기술을 쓰거나 정성을 쏟지 않는 것 같습니다. 둥지 위에 있는 멧비둘기가 자칫 몸을 잘못 뒤척이면 둥지가 부서지고 알이 떨어질 듯 위태롭습니다.

이런 둥지에서도 서로 보듬어 주며 새끼를 잘 키우는 것을 보면 행복은 좋은 집이나 재산에서 나오는 것은 아닌가 봅니다. 비록 초라한 곳에서 살더라도 서로를 위해주고 아끼는 삶이 참 행복인 듯합니다.

마른 나뭇가지로
엉성하게 지은
둥지

알에서 갓 깨어 나온 새끼와 막 나오려는 새끼

새끼의 몸집이 커지면 둥지에서 떨어지지 않을까 염려된다.

새끼를 보살피는
멧비둘기 어미

어미가
끝까지 지킨다

봄가을마다, 집 앞에 있는 작은 저수지에는 논병아리가 찾아옵니다. 물이 꽁꽁 얼어붙어 헤엄치지 못하는 겨울과, 번식하려고 북쪽으로 올라간 여름을 제외한 나머지 기간 동안 우리 마을 저수지에 머무는 것입니다.

　논병아리가 머무는 때면 저수지에 활기가 넘칩니다. 자맥질하는 꼬마들처럼 신나게 물속을 드나들며 헤엄치고, 물 위를 뛰어가다가 날아오르기도 합니

새끼들을 모두 등에 태운 어미

다. 또한 어스레한 새벽과 저녁에 "또롱 또롱" 울려 퍼지는 소리는 일품입니다. 작은 체구에 어울리지 않는 큰 소리입니다.

논병아리는 잠수해서 헤엄치며 물고기를 잡아먹는데, 아비 종류나 가마우지처럼 잠수 실력이 뛰어나 한 번 물속에 들어가면 한참 뒤에야 수면으로 나옵니다. 물속에서 물고기를 쫓아 이리저리 방향을 바꿔가며 20~30초를 헤엄쳐 다니니 언제 어디에서 모습을 드러낼지 모릅니다.

논병아리는 겨울철새라고 알려졌지만, 드물게 우리나라에서 번식하는 텃새이기도 합니다. 논병아리는 물이 흐르지 않는 저수지나 습지에서 번식하며, 물에서 자라는 수초로 둥지를 만듭니다. 수초는 부력이 있어 한 군데 쌓아올리면 물에 떠 있는 작은 섬이 됩니다. 호수나 습지에 둥지를 틀면, 육상 동물들의 공격을 피할 수 있을 뿐만 아니라 먹이도 쉽게 구할 수 있습니다.

알을 하루에 1개씩 모두 5~6개를 낳으며, 알을 품는 기간에도 둥지 관리는 계속됩니다. 둥지가 조금씩 가라앉는지 수시로 내려와서 수초를 모아 보완하고, 둥지에 올라가서는 알을 굴립니다. 알 전체의 온도가 고르게 유지되어야 하기 때문에 젖은 수초 위에 있는 알을 굴려 위치를 바꿔주는 일은 매우 중요합니다. 둥지를 잠깐 비울 때에는 수초로 알을 덮어 하얀 알이 다른 새나 동물들 눈에 띄지 않도록 세심한 주의를 기울입니다.

정성껏 알을 품으며 20일 이상 지나면 새끼들이 깨어 나옵니다. 그러면 어미는 최대한 빨리 새끼들을 데리고 안전한 장소를 찾아갑니다. 새끼들을 노리는 포식자들이 많아, 물 한가운데 드러난 장소에서 새끼를 기를 수 없기 때문입니다.

새끼들은 솜털이 마르면 바로 물 위에 뜨고 헤엄칠 수 있지만 날거나 빨리 움직이지 못하기 때문에 어미는 늘 새끼들과 함께 다닙니다. 반갑지 않은 손님이 가까이 오면 어미는 마음이 바쁩니다. 침입자로부터 빨리 그리고 멀리 도망

저수지 가운데 수초를 모아서 만든 둥지

어미와 새끼들. 알에서 깨어 나온 뒤 오래지 않아 물 위에 떠서 헤엄친다.

어미 등에 올라타는 새끼들. 누군가가 접근하면 새끼들을 데리고 멀리 피하는데,
어미는 새끼들을 다그치지 않고 기다려준다.

가야 하는데, 새끼들이 헤엄을 잘 치지 못해서입니다. 그래서 어미는 서두르라
재촉하기보다는 새끼들을 등에 모두 태우고 쏜살같이 도망칩니다.

위험이 비켜가고 다시 안전해지면 몇몇 새끼들은 물 위로 내려와서 장난치
지만 아직 겁에 질려 있는 새끼들은 엄마의 날개 속에 머뭅니다. 새끼들을 다
그치지 않는 엄마와 엄마를 완전히 신뢰하는 새끼들을 보며 사랑하는 방법을
배웁니다.

위험이 지나가면
새끼들은 등에서
내려오지만 불안감이
가시지 않은 몇몇은
그대로 어미 등에
남아 있다.

새끼들을
곁에서 보살
피는 어미

논병아리와 닮은 검은목논병아리

뿔논병아리

큰회색머리아비. 잠수 잘하는 새로는 아비류도 빼놓을 수 없다.

혼자만 잘 살면
재미없어

수십만 마리가
함께 날아도
부딪치지 않아

해마다 가을이 되면 가창오리가 펼치는 아름다운 군무가 기다려집니다. 가창오리의 군무는 전 세계에서 우리나라에서만 볼 수 있는 특별한 장면일 뿐만 아니라 가창오리가 세계적인 멸종위기종으로 보호 받는 새이니 그 감동이 더 큽니다. 지구상에 존재하는 가창오리 중 대부분이 우리나라에서 월동하기 때문에 누릴 수 있는 일입니다.

얼굴에 태극 문양 같은 무늬가 있어 태극새라고도 부르는 가창오리는 시베리아 동부 지역에서 번식하고 가을걷이가 끝날 즈음 우리나라로 찾아옵니다. 먹이도 찾고 추위도 피하기 위해 우리나라로 온 것이지요. 가창오리들은 낮에는 호수 위에 떠서 졸기도 하고 깃털도 고르며 시간을 보내다가 해가 지면 주변의 논으로 날아가 바닥에 떨어진 낟알과 지푸라기를 먹고 동이 트기 전 호수로 되돌아옵니다.

먹을 것이 넉넉지 않아서 한 곳에 오래 머무르지 못하고 전국으로 이동하게 되는데, 충남 서산의 천수만, 전북 군산의 금강, 전남 해남의 고천암 등이 가창오리의 주요 도래지입니다.

가창오리가 군무를 펼치는 시간은 어둠이 깔리기 시작할 때입니다. 지평선에 걸린 해가 붉게 물들 즈음 물 위에 떠 있던 무리의 한 쪽 끝에서부터 차례대로 물을 박차고 날아올라 호수 위를 한 바퀴 돌고, 내려앉기를 여러 차례 반복합니다. 이것이 군무의 시작입니다. 해가 수평선 아래로 떨어지고 어둠이 깔리

석양을 배경으로 한
가창오리의 군무

가창오리는 얼굴의 무늬 때문에 태극새라고도 부른다.

면 서쪽 하늘에 마지막 남은 붉은 빛을 배경으로 수만에서 수십만 마리가 날아오릅니다. 그야말로 새들이 만든 구름이 춤을 추는 것 같습니다. 구름이 바람에 날리는 것처럼 여러 가지 모양을 그리며 군무를 펼치다가 여러 무리로 흩어지기 전 절정에 이릅니다.

새 떼가 머리 위를 지나기라도 한다면 후두둑 떨어지는 물방울과 입체적으로 들리는 날갯짓 소리, 날갯짓이 만들어낸 폭풍 같은 바람은 감동의 에너지가 되어 온몸으로 퍼집니다. 군무의 모든 장면들이 세포 하나하나에 저장되듯 뇌리에 또렷하게 남는 이유는 깊이 흉내 낼 수 없는 특별한 질서 때문일 것입니다. 질서 있는 장관을 연출하기 위해 어느 새가 어떻게 인솔하는지 아직 밝혀진 바가 없지만 수십만 마리가 이리저리 방향을 바꿔가며 현란하게 펼치는 군무에서 부딪혀 떨어지는 새는 한 마리도 없습니다.

낮에는 강 하구나
넓은 저수지 등
물 위에서 쉰다.

많은 수가 함께
비행하지만 한 마리도
부딪혀 떨어지지
않는다.

가창오리 군무가 만드는
다양한 모양

숲속 동물들의
소화제

이름이 참 특이하지요. 부채 같이 넓적한 잎이 땅에 붙어 자란다고 붙여진 이름이며, 좋지 않은 냄새가 난다고 해서 영어 이름은 스컹크 양배추(skunk cabbage)입니다. 앉은부채를 곰풀이라고도 부릅니다. 긴 겨울잠에서 깬 곰이 뱃속에 쌓인 노폐물을 제거하려고, 즉 장청소를 하려고 제일 먼저 먹는 풀이라서 붙여진 이름입니다. 앉은부채에는 독성분이 있어 먹으면 탈이 나는데 곰은 오히려 그것을 이용하는 것이지요.

앉은부채 하면 세 가지 모습이 떠오릅니다. 꽃을 품은 뾰족한 싹, 삼각건으로 둥그스름하게 둘러 싼 듯 보이는 포 속의 도깨비 방망이 같이 생긴 꽃, 꽃이 질 때쯤 꽃 옆에서 돌돌 말린 새싹이 뾰족하게 나오다가 부채처럼 넓게 펼쳐지는 녹색 잎입니다. 분명 한 포기에서 나타나는 모습인데도 모양과 색깔이 하도 달라 각기 다른 종류처럼 보입니다.

꽃을 품은 뾰족한 싹은 낙엽 속에 덮여 있어 눈여겨 찾지 않으면 보기 어렵습니다. 원뿔 모양 통통한 싹이 차가운 대지를 뚫고 나온 것인데, 나무가 꽃을 틔우기 위해 준비한 눈을 꽃눈이라고 한다면, 앉은부채의 이것은 꽃싹이라고 불러야 할 것 같습니다. 뾰족한 꽃싹이 벌어지면서 끝이 휜 불꽃 모양 포가 올라오면 낙엽을 끌고 있은 듯한 앉은부채의 정제가 드러납니다.

"이게 꽃이야?"

앉은부채의 꽃 모양은 정말 특이해서 처음 그 꽃을 본 사람들의 반응은 한결같습니다. 당연히 있어야 할 줄기와 잎, 꽃잎이 없고 바닥에 딱 붙어 있으니 말

앉은부채는
이른 봄
낙엽 사이에서
촛불 모양의 꽃을
내민다.

불염포라고 부르는
껍질 속에 철퇴처럼
생긴 꽃이 있다.

꽃이 진 뒤에 잎이 올라온다.

누군가 불염포에 구멍을 내고 들어가서 꽃을 먹었다.
작은 설치류 짓으로 보인다.

이지요. 노란 꽃가루를 잔뜩 묻힌 동그란 꽃 덩어리는 또 얼마나 신기한지요.
앉은부채는 지면의 온도가 영하 10도를 밑도는 2~3월, 찬 바닥에 붙어 꽃을 피
웁니다. 잔설과 얼음으로 덮여 있을 때 꽃이 핀다는 것이 기적 같습니다.

　하루라도 일찍 앉은부채를 보고 싶어 산에 오릅니다. 그런데 노란 꽃이 없거
나, 포에 구멍이 나 있거나, 어떤 것은 깨끗이 잘려 있는 등 성한 꽃을 보기 어렵
습니다. 야생에서 사라진 곰이 그랬을 리도 없고……. 앉은부채 군락지 주변에
흩어져 있는 고라니와 산토끼의 똥, 다람쥐가 뛰어 다니는 것을 보면 곰 말고도
앉은부채를 이용하는 숲속 동물들이 있나 봅니다. 동물들이 겨울잠에서 깨어
나는 시기에 앉은부채가 피어나는 것이 신기합니다.

동물들이 뜯어먹은 흔적

숲을
건강하게 가꾼다

하늘소 하면 많은 사람들이 장수하늘소를 떠올립니다. 보기 힘든 귀한 종이고, 천연기념물이어서 큰 관심을 받고 있지만, 장수하늘소 외에도 우리나라에 사는 하늘소는 300여 종이 넘습니다. 몸길이 10센티미터가 넘는 커다란 하늘소도 있지만 3~4밀리미터밖에 안 되는 아주 작은 하늘소도 있으며, 모양과 색깔도 다양합니다.

종수만큼이나 하늘소들이 생태계에서 하는 일도 다양합니다. 하늘소들도 벌과 나비처럼 꽃가루받이를 돕습니다. 꽃하늘소를 비롯해 많은 하늘소들이 꿀이나 꽃가루를 먹으려고 꽃에 모입니다. 하늘소들은 벌이나 나비처럼 살짝 앉았다가 날아가는 것이 아니라, 꽃 속을 파고들거나 꽃 위에서 이리저리 돌아다니기 때문에 꽃가루 옮기는 일을 확실하게 합니다.

하늘소들은 죽은 나무를 분해하는 역할도 합니다. 숲에는 사람들이 간벌하느라 일부러 베는 나무도 있고 쓰러지거나 부러지는 나무들도 많습니다. 나무가 죽으면 하늘소들이 날아와 알을 낳고, 알에서 깨어난 애벌레는 나무속을 갉아먹으며 어른벌레가 될 때까지 살아갑니다. 그 기간 동안 나무를 갉아먹고 배설하며 단단한 나무를 1차적으로 분해하게 됩니다. 죽은 지 1~2년밖에 되지 않은 단단한 나무에 난 작은 구멍은 대부분 하늘소의 흔적입니다. 하늘소 종류마다 좋아하는 나무가 달라서 나무 종류에 따라 각기 다른 하늘소가 삽니다.

숲에 나무들이 빽빽한 것만이 좋은 것은 아닙니다. 각각의 나무들이 자리를 차지하고 적당한 양분과 햇빛을 받을 수 있도록 밀도가 적절히 유지되어야 건

육점박이범하늘소.
죽어 가는 나무나 죽은 지
1~2년 된 나무에서
찾을 수 있다.

긴알락꽃하늘소. 꽃을 찾아다니며 꽃가루받이를 돕는다.

작은호랑하늘소.
나무를 잘라 놓은 장작더미에서 찾을 수 있다.

솔수염하늘소. 죽은 소나무를 찾아왔다.

사과하늘소. 참나무의 1년생 줄기에 알을 낳으려고
입으로 상처를 낸다.

남색초원하늘소. 개망초 줄기에서 볼 수 있다.

강한 숲입니다. 하늘소들은 죽은 나무를 분해하는 것에 앞서 숲속의 병들거나 약한 나무를 빨리 죽게도 합니다. 바로 이런 과정이 숲의 밀도를 적절하게 유지해주는 역할을 합니다. 이 때문에 하늘소를 식물의 해충으로 여기기도 하지만, 결국 숲을 건강하게 가꾸는 것이니 식물에게도 우리에게도 좋은 일입니다.

울도하늘소. 키 큰 나무에 가려 세력이 약해진 뽕나무에 산다.

새똥하늘소. 봄철 두릅나무에서 관찰되며
두릅나무 고사의 원인이 된다.

봄산하늘소. 이른 봄 양지꽃에서 찾을 수 있다.

애청삼나무하늘소. 죽은 향나무에 찾아왔다.

알통다리꽃하늘소

무늬소주홍하늘소

홍가슴호랑하늘소

흰점곰보하늘소

유리알락하늘소

북방수염하늘소

서울가시수염범하늘소

벌호랑하늘소

깨다시하늘소

털두꺼비하늘소

노란띠하늘소

곤충들의 보릿고개,
조금이라도
도움이 되면 좋겠어!

잎이 작고 두꺼우며 사계절 푸른 회양목은 정원수로 많이 심습니다. 작은 나무를 조밀하게 심어 글자나 문양을 만들기도 하고, 큰 나무를 다듬어 여러 가지 모양을 만들기도 합니다. 어릴 적부터 이처럼 정원에서 다듬어진 회양목만 보아왔기 때문에 강원도 영월지역을 지나다가 석회암 지대 절벽에서 자라는 야생 회양목을 보기 전까지는 외국에서 들어온 나무인 줄 알았습니다.

야생에서 관찰한 회양목은 정원에서 다듬으며 가꾼 것과는 전혀 달랐습니다. 잎이 빽빽해 가지를 전혀 볼 수 없었던 울타리목과는 다르게 모든 가지가 드러나 있고 잎도 많지 않아 회양목인지 의심이 갈 정도였습니다.

회양목이 자생하는 석회암 지대는 비가 와도 물이 금방 빠져나가 땅 속에 습기가 거의 없기 때문에 식물이 자라기에 척박합니다. 그런 환경에서 더디게 자란 회양목은 목질이 촘촘하고 단단해서 옛날에는 목판활자, 호패, 장기알 등을 만드는 데 썼고, 도장 재료로도 많이 쓰여 '도장나무'라 부르기도 합니다.

사계절 뚜렷한 변화가 없고 꽃도 작아 회양목 꽃을 본 사람이 의외로 많지 않습니다. 우리 집 뒷산의 오래된 무덤가에는 어른 키만큼 큰 회양목이 두 그루 있습니다. 선산을 꾸미려고 심었겠지만 관리를 하지 않아 키가 훌쩍 자라버린 야생의 모습입니다. 하루에도 몇 번씩 지나는 곳이지만 1년 내내 잎을 달고 있어서 특별한 점을 발견하지 못했는데, 겨울이 지나 날이 풀리기 시작할 즈음 유

회양목 꽃에서 꽃가루를 모으는 꿀벌

회양목으로 화단을 가꾼 교정. 잎이 작지만
빽빽이 나기 때문에 조각하듯 원하는 모양을 만든다.

강원도 영월, 정선 지역의
석회암 바위틈에서 자생하는 회양목

난히 많은 곤충들이 모여 있었습니다.

웬일인가 싶어 다가가니 회양목에 꽃이 피었습니다. 작고 눈에도 잘 띄지 않는 꽃이지만, 꽃 핀 식물이 많지 않은 이른 봄에는 곤충들에게 더없이 귀한 양식입니다. 사람으로 치면 보릿고개 같은 때에 먹을 것이 생긴 것이지요. 먹음직한 꽃가루, 달콤한 꿀, 회양목 꽃에서 나

도장 재료로 많이 쓰여 도장나무라고도 부른다.

오는 향기가 얼마나 좋은지 모여든 벌과 나비들이 신이 나서 식사를 합니다.

아직 벚나무도 개나리도 꽃 피지 않았을 때라도 따뜻한 봄기운이 느껴지면 회양목을 찾아 공원으로 나가 보세요. 눈에 띄지 않을 만큼 작지만 달콤한 향기를 따라 모여든 많은 곤충을 만날 수 있습니다.

작지만 탐스러운 꽃

쇳빛부전나비가 찾아왔다.

왕바다리. 많은 벌들이 회양목 꽃에 모인다.

뿔나비가 꿀을 빤다.

풀잠자리 종류도 온다.

여러 종류의 파리들도 회양목 꽃에 온다.

호랑나비를 키워낸 산초나무

다른 나비라면 몰라도 호랑나비를 모르는 사람은 없습니다. 호랑나비는 봄부터 가을까지 전국에서 볼 수 있으며, 날개가 크고 화려해 사람들의 마음을 사로잡습니다. 과학시간에 나비의 한살이를 공부할 때도, 음악시간에 노래를 배울 때도, 동화책에도 단골로 등장하니, 호랑나비를 나비의 대명사라 할 만합니다.

그런데 이처럼 일급 유명세를 타고 있는 호랑나비를 아름답게 자랄 수 있도록 키워주는 나무를 생각하는 사람은 드뭅니다. 호랑나비를 키워주는 나무는 운향과에 속하는 탱자나무, 귤나무, 산초나무 등이며, 그중 산초나무는 전국적으로 분포하는 대표적인 먹이식물입니다.

산초나무는 작은 잎이 깃 모양으로 달려 있고, 미백색 꽃이 핀 자리에 산초라고 하는 까만 씨앗을 맺습니다. 산초는 가루를 만들거나 기름을 짜서 식용이나 약용하는데, 특별히 두부구이를 할 때 들기름을 두르고 산초를 몇 알 넣어 구우면 독특한 향이 나며 입맛을 돋워줍니다.

봄부터 가을까지 어느 때라도, 꽃이 많은 곳에 산초나무가 있다면 가만히 기다려보세요. 호랑나비가 노랗고 동그란 알을 낳는 장면을 볼 수 있습니다. 알은 5일쯤 지나면 색깔이 바뀌며, 작은 애벌레가 알을 갉아 먹으며 나옵니다. 1령과 2령 애벌레는 희고 까만 새똥처럼 지저분하게 생겼지만 허물을 벗으면서 예쁜 초록색 애벌레로 변신합니다.

애벌레는 먹성이 좋아 참 많이 먹으며 5센티미터 이상까지 몸집이 커집니다. 간혹 잎을 한 장도 남기지 않고 다 갉아 먹어서 가지만 앙상하게 남길 때도

산초나무에
알을 낳는
호랑나비

산초나무의
꽃

산초나무 열매.
가을이 되어 까맣게
익으면 말리거나
기름을 짜서
식용한다.

있습니다. 그러나 애벌레들이 번데기가 되면 며칠 뒤 산초나무는 숨겨 놓았던 눈에서 다시 싹을 틔웁니다. 그래서 호랑나비는 다시 알을 낳고 애벌레가 자랄 수 있습니다.

산초나무는 호랑나비뿐만 아니라 긴꼬리제비나비, 산제비나비도 키워냅니다. 우리나라에서 볼 수 있는 나비 중 크고 아름다운 나비를 많이 키워내는 나무입니다. 호랑나비에게 든든한 산초나무가 있듯이 우리의 뒤에도 우리를 키워낸 누군가가 있습니다. 우리의 산초나무는 누구일까요?

호랑나비 알

2령 애벌레

3령 애벌레

종령 애벌레

번데기 직전의 애벌레

번데기

산초나무 꽃에서 꿀 빠는 호랑나비

개미 없이는
못 살아

5월 초순, 담흑부전나비 애벌레를 만나려고 강원도 인제의 어느 산골짜기 풀밭에서 일본왕개미의 굴을 찾아다녔습니다. 나비 애벌레를 찾기 위해 개미굴을 살핀다는 것이 이상하게 여겨질지 모르지만 담흑부전나비 애벌레가 일본왕개미의 굴속에서 살기 때문입니다.

7월 중순, 담흑부전나비 암컷이 알을 낳으려고 바삐 돌아다닙니다. 나비들 대부분은 애벌레가 먹을 식물을 찾아 알을 낳지만 담흑부전나비는 일본왕개미가 꿀이나 진딧물의 감로를 얻으려고 오가는 식물의 줄기나 잎에 알을 낳습니다. 나중에 애벌레들이 개미에게 이끌려 개미굴로 옮겨 갈 수 있기 때문입니다.

암컷은 알 열 개 이상을 한 곳에 낳아 붙입니다. 알 크기는 1밀리미터 정도로 아주 작지만 확대해서 보면 아름다운 조각품 같습니다. 알을 낳은 지 5일이 지나면 애벌레가 깨어 나옵니다. 갓 깨어난 애벌레는 줄기의 틈이나 잎 뒷면의 주름진 곳에서 더운 여름의 열기와 가끔 쏟아지는 소나기를 피하며 1령과 2령 시기를 보냅니다. 이때 애벌레는 주위의 진딧물들이 만들어내는 단물을 먹으며 지내는데, 여기에는 일본왕개미들도 오갑니다.

7월 말, 흙바닥에 엎드려 땀을 뻘뻘 흘리면서 애벌레를 관찰했습니다. 오가며 애벌레를 한 번씩 툭툭 건드리던 일본왕개미가 갑자기 애벌레를 입에 물고 달려가더니 개미굴로 들어갑니다. 어찌나 빠른지 사진 한 컷 찍지 못했습니다.

이때부터 이듬해 6월까지 약 10개월간, 일본왕개미들과 담흑부전나비 애벌

담흑부전나비 애벌레를 돌보는 일본왕개미

암컷이
일본왕개미가 잘
다니는 곳에 알을
낳으려고 장소를
찾고 있다.

알을 낳는
담흑부전나비

식물의 줄기
아래쪽에
낳은 알

알 크기는
아주 작지만
그 모양이나 무늬가
아름답다.

진딧물과 담흑부전나비 애벌레는 일본왕개미에게 단물을 주고
일본왕개미는 이들을 돌봐준다.

왕개미가 애벌레를 물고 간다.

레의 긴 동거가 시작됩니다. 일본왕개미가 담흑부전나비 애벌레를 돌보는 것
은 애벌레의 꿀샘에서 나오는 단물과 배설물이나 허물을 얻으려는 것이지만,
일본왕개미가 먹이를 주며 보살피지 않으면 생존하기 힘든 담흑부전나비 입장
에서는 얼마나 고마운 일인지 모릅니다. 애벌레는 번데기 시기를 거쳐 어른벌
레가 되면 굴을 빠져나와 다음 세대를 준비하고, 또 그렇게 살아갑니다.

애벌레를 물고 가다가 다른 개미를 만나자
잠시 애벌레를 내려놓았다.

개미굴에 담흑부전나비 애벌레가 많다.

어른벌레가 되면 개미굴에서 빠져나온다.

조건 없이 빌려주는 무상임대주택

산중턱 널따란 밭 옆 곧게 선 소나무에 커다란 구멍이 보입니다. 큰오색딱다구리가 새끼들을 키우는 둥지입니다. 대개는 나무가 물러 구멍을 내기 편한 오동나무나 은사시나무에 둥지를 만드는데 특이하게도 찐득한 송진 때문에 꺼리는 소나무에 둥지를 틀었습니다. 햇빛이 적당히 들고 전망도 좋아서 선택한 것 같습니다.

시간이 흘러 큰오색딱다구리의 새끼들이 모두 성장해 둥지를 떠났습니다. 이듬해 큰오색딱다구리가 이 둥지를 수리해 다시 사용하기도 하지만, 주인이 떠난 둥지는 대부분 다른 새들의 차지가 됩니다. 그래서 딱따구리가 많은 숲에는 여러 종류의 새들이 깃듭니다.

큰오색딱다구리가 둥지를 떠난 다음날 풍경입니다. 둥지가 빈 것을 어떻게 알았는지 쇠박새, 박새, 동고비가 차례대로 집을 보러 왔습니다. 박새 한 마리가 구멍 안에 들어갔다 나오니 잠시 후 동고비도 찾아와서 들락거립니다. 주인 없는 둥지 주위에 다른 새들의 소리만 요란합니다.

큰오색딱다구리의 빈 집은 스스로 구멍을 뚫지 못하는 새들에게 참으로 고마운 임대주택입니다. 임대료도 받지 않으니, 말 그대로 무상임대주택이지요. 찌르레기와 파랑새는 살짝 청소만 한 뒤 바로 사용하시만, 황토방 리모델링의 원조 격인 동고비는 진흙을 물어다 입구에 발라 구멍의 크기를 조절하고, 벽에 흙을 바르며 고쳐서 사용합니다.

만약 딱따구리가 없다면, 또는 나무에 구멍을 뚫어 둥지를 만들지 않는다면

먹이를 물고 온
큰오색딱다구리

둥지를 튼 산 중턱의 소나무

생태계에는 어떤 변화가 올까요? 둥지 지을 곳이 모자라 엄청난 주택난이 생기게 될 테고, 그로 인해 많은 새들이 다른 숲으로 가 버리면, 그 숲은 곤충이 늘어나서 망가질 수도 있습니다. 특히 숲의 나이가 젊은 우리나라에서는 나무에 자연적으로 생긴 구멍이 드물기 때문에 딱다구리가 만든 구멍이 꼭 필요합니다.

딱다구리 소리가 들리면 기분이 좋아지는 것은 이 때문이겠지요?

둥지를 나서는 큰오색딱다구리

큰오색딱다구리가 떠난 후 둥지를 드나드는 박새

동고비도 찾아와 둥지를 기웃거린다.

딱다구리의 둥지에 황토를 발라 자기의 둥지로 사용하는 동고비

딱다구리의 둥지 흔적과
동고비의 둥지

큰오색딱다구리의 둥지 짓기. 둥지 속에서 파낸
나무 조각들을 바깥으로 버린다.

둥지를 떠나기 직전의 어린 새

오색딱다구리와 둥지

큰오색딱다구리.
딱따구리들이 사는 숲에는 많은 새들이 찾아온다.

나무 가지치기는
내게 맡겨!

"카카카카" 아침부터 집 옆 키 큰 나무에서 까치가 큰 소리로 노래합니다. 아침에 까치가 노래하면 반가운 손님이 온다고 하는데, 까치소리를 들으며 잠에서 깨니 기분 좋은 하루가 될 것 같습니다.

까치가 둥지 짓는 실력은 뛰어납니다. 나뭇가지 2,000~4,000개를 가져다가 먼저 외부공사를 합니다. 속이 비어 있는 동그란 공 모양이며, 입구는 드나들기 좋은 방향으로 하되 직사광선이 너무 오래 드는 남쪽은 피합니다. 입구가 있는 방을 만든다는 것이 놀랍습니다.

외부공사가 끝나면 가느다란 지푸라기나 식물의 뿌리, 진흙을 이용해 내부 둥지를 만들고 깃털로 푹신하게 마무리합니다. 나뭇가지로만 둥지의 덮개를 만들었는데도 비가 새지 않고 환기는 잘 되며, 알자리는 열을 뺏기지 않을 만큼 단열이 잘 됩니다.

눈여겨봐야 할 것은 둥지를 만드는 시기입니다. 다른 새들은 보통 완연한 봄이 되어야 둥지를 만들기 시작하지만 까치는 1~2월, 빠르면 12월부터도 둥지를 짓기 시작합니다. 왜 그럴까를 생각해보니 둥지 지을 나뭇가지를 구하는 것에 그 이유가 있었습니다.

까치는 둥지 지을 나뭇가지를 주워올 뿐만 아니라 나무에서도 직접 꺾어옵니다. 나무에 물이 오른 뒤에 나뭇가지를 꺾으려 하면 잘 꺾이지 않지만, 겨울에는 건조한 편이라서 가지가 잘 꺾입니다. 또한 나무는 가지를 펼치고 잎을 고르게 내어 햇볕을 최대한 받을 수 있도록 가지치기를 해 주어야 건강하게 자

까치는 이르면 12월부터 둥지를 짓기 시작한다.

나뭇가지를 물고 둥지로 날아가는 까치

내부 둥지를 만들고 있다.

까치밥으로 남겨둔 홍시를 먹는다.

랄 수 있는데, 까치는 잘라낼 가지와 그대로 두어야 할 가지를 구분하며 잘라냅니다. 참으로 대견합니다.

도심에 사는 새들은 쇠붙이나 철사 등으로 전봇대에 둥지를 짓는 경우가 많아 정전사고의 원인이 된다고 해 헐어버리기도 합니다. 나무를 베어내고 전봇대를 세우며, 쓰레기를 아무데나 버리는 사람의 잘못은 생각하지 않고 까치에게만 탓을 돌립니다. 그래도 까치는 마을 숲 나무들의 가지치기를 해주며 힘차게 살아갑니다. 우리 마을의 나무를 관리해주는 까치가 참 고맙습니다.

이른 봄 풀밭에서 제일 바쁜 곤충

빌로오드재니등에는 어른벌레로 겨울을 보내고 날씨가 조금 풀려 기온이 영상으로 오르는 3월이 되면 꽃을 찾아 나섭니다. 나비나 벌이 본격적으로 활동하기 전부터 들판 식물들의 꽃가루받이를 도와줍니다.

빌로오드재니등에는 비행기 날개처럼 옆으로 벌어진 날개를 한 쌍 갖고 있습니다. 날개가 한 쌍인 것은 파리 종류의 특징이지요. 날갯짓이 어찌나 빠르고, 자유롭게 움직이는지, 빠른 속도로 날다가 갑자기 멈추기도 하고, 신속하게 방향을 바꾸기도 합니다. 날 때 앞다리와 중간다리는 앞쪽으로 가지런히 모으고, 뒷다리는 좌우로 벌려 중심을 잡습니다.

일찍 꽃잎을 펼친 너도바람꽃, 꿩의바람꽃부터 4월의 무덤가에 핀 양지꽃과 분홍색 진달래도 빌로오드재니등에의 도움을 받습니다. 빌로오드재니등에가 꽃에 내려앉아 바늘처럼 생긴 긴 주둥이로 꿀을 빨아 먹는 동안 빌로오드의 부드러운 보풀처럼 온몸에 난 털에 꽃가루가 묻게 됩니다. 그 꽃가루는 이 꽃 저 꽃 부지런히 옮겨 다니는 빌로오드재니등에 덕택에 다른 꽃을 만나 수정하게 됩니다.

나비와 벌이 겨울잠에서 깨어나지 않은 이른 봄이니 빌로오드재니등에의 활약은 더욱 빛납니다. 일찍 꽃을 피운 식물들도 무척 고마워 할 듯합니다.

꽃을 옮겨 다니며
주둥이와 다리에
묻은 꽃가루를
전달해준다.

제자리에서 한참동안
떠 있는 모습을 자주
볼 수 있다. 옆으로
벌린 뒷다리로
균형을 잡는다.

털은 누런 황금색이지만 껍질은 까만색이다.

숲속 낮은 바닥에 핀 꿩의바람꽃을 찾아왔다. 이른 봄에 나와 꽤 오랜 기간 활동한다.

진달래 꽃에서 꿀을 빤다. 털에 꽃가루가 묻어 있다.

힘내라 힘!
함께여서 아름다운 행렬

들녘의 가을걷이가 끝나고 찬바람이 몰려오는 겨울 문턱에 이르면 해마다 충남 서산 천수만 간척지를 찾아갑니다. 새들을 많이 볼 수 있어서이기도 하지만, 그보다 추수를 끝낸 드넓은 논에 무리지어 앉은 기러기들이 그리워서이기도 합니다.

갯벌을 메워 만든 넓은 농경지로 들어서면 적게는 수백 마리에서 많게는 수천 마리씩 무리지어 논에서 낙곡을 주워 먹거나 한가로이 졸고 있는 기러기들이 보입니다. 길에서 조금 떨어진 논에 있는 기러기들은 차를 타고 지나가면서 쌍안경으로 여유 있게 관찰할 수 있는데, 길옆 논에 있던 무리들은 아무리 조심해도 어김없이 날아오릅니다.

새들은 날아오를 때 무척 많은 에너지를 소모합니다. 수천 마리를 날아오르게 했으니, 얼마나 많은 에너지를 허비하게 했을 것이며, 또 얼마나 많은 낙곡을 주워 먹어야 다시 보충할 수 있을까요? 양식이 귀한 겨울이기에 기러기들에게 더욱 미안해집니다.

우리나라에서는 이마가 하얀 쇠기러기와 부리에 까맣고 노란색이 있는 큰기러기를 포함해 기러기를 모두 아홉 종 볼 수 있습니다. 단풍이 지고 하얗게 서리가 내릴 즈음이면 북쪽으로부터 추위를 피해 내려옵니다. "끼럭, 끼럭" 소리를 내며 ㅅ 자 대형을 만들어 비행하는 기러기들의 행렬이 참 멋집니다.

기러기는 먼 거리를 효율적으로 이동하고자 줄지어 비행합니다. 앞서 가는 새가 날갯짓을 하면 뒤쪽으로 양력(뜨는 힘)이 발생해 뒤따라오는 새는 힘을

날아오르는 쇠기러기

대열을 맞춰
날아가는
기러기들

날아오르는 기러기들. 먹을 것이 부족한 겨울에 기러기들을 날아오르게 하면 너무 미안하다.

덜 들이고 날 수 있어서 혼자서 비행하는 것보다 70퍼센트 정도 더 많이 비행할 수 있답니다. 뒤 따르는 새들은 "끼럭, 끼럭" 소리 내어 앞장 선 기러기에게 힘내라고 격려합니다. 만약 앞서 가는 새가 지치면 다른 건강한 새가 자리를 바꿔줍니다. 동료와 가족을 위한 사랑과 배려가 기러기들의 행렬(안항, 雁行)에 배어 있습니다.

안서(雁書)는 기러기가 전해주는 편지라는 말로, 먼 곳에서 전해 온 반가운 편지를 뜻합니다. 고향을 떠나온 실향민이나, 부모형제와 떨어져 사는 이들은 내 고향 마을 위로 날아갈 기러기 편에 소식을 보내고 싶은 마음이 들겠지요. 그래서 기러기를 보면 고향을 그리워하는 것 같습니다.

헤엄치는 큰부리큰기러기

논에 모여 앉은 쇠기러기들

큰기러기의 비행

쇠기러기의 비행

들판 위로 날아가는 기러기들

무엇보다
안전한 게 최고!

잎 두 장 콕콕 붙이고
그 속에서 살아요

깊은산부전나비는 계룡산을 비롯해 백두대간의 높은 산에 살며 애벌레는 한지성 나무인 사시나무의 잎을 먹습니다. 서식지가 좁고 개체수가 적어 멸종위기종으로 지정·보호하고 있습니다.

"사시나무처럼 떤다"는 말이 있듯이 사시나무 잎은 작은 바람에도 요란하게 떨립니다. 잎이 넓은데다가 잎 길이보다 잎자루가 길어 바람이 조금만 스쳐도 심하게 흔들리는 것이지요. 가지나 잎, 겨울눈은 털이 없이 부드러우며, 1년생 가지와 겨울눈은 왁스질로 덮여 있기까지 해 윤기가 나고 매끈합니다.

깊은산부전나비는 사시나무 1년생 가지의 겨울눈 아래에 둥글고 납작한 알을 낳습니다. 새싹이 돋아나올 무렵에 알에서 깨어난 애벌레는 쉴 새 없이 흔들리는 미끄러운 잎에 붙어서 살아야 합니다. 그래서 애벌레는 실을 토해 나뭇잎 두 장을 X자 모양으로 꼼꼼히 붙여 튼튼한 방을 만듭니다. 이렇게 하면 애벌레가 지내는 방이 덜 흔들리겠지요?

방을 완성하고 나면 애벌레는 거의 대부분 시간을 그 안에서 보냅니다. 식사도 방으로 만들어 붙여 놓은 잎을 갉아 먹습니다. 잎을 많이 갉아 먹었거나 몸이 커져 방이 작아졌을 때에만 다른 방을 만들기 위해 이동합니다. 다 자랐을 때도 역시 같은 방법으로 방을 만들고 번데기가 됩니다. 소란스런 나뭇잎 생활을 끝내고 나면, 긴 꼬리모양돌기와 은백색 날개가 돋보이는 멋진 나비가 됩니다. 아침저녁으로 방향이 바뀌며 세찬 바람이 부는 산 위, 쉴 새 없이 흔들리는 사시나무 잎에서 작은 애벌레가 살아가는 모습이 경이롭습니다.

애벌레를 찾으려면
겹쳐진 잎을
살피면 된다.

높은 산에
자라는
사시나무에
깃들어 산다.

알은 대개 한 개씩 낳지만 두 개를 붙여 놓은 것을 발견했다.

애벌레가 알에서 빠져나오고 있다.

알을 빠져나온 애벌레가 움트는 겨울눈을 찾아가고 있다.

114

잎 두 장이 실로 엮여 있어 쉴 새 없이 흔들리는 잎에서
떨어지지 않고 살 수 있다.

붙은 잎 중에서 한 장을 갉아 먹었다.
남은 한 장에 실로 붙여 놓았던 흔적이 보인다.

애벌레 방에서 몸을 반쯤 감추고 잎을 갉아 먹고 있다.

종령으로 자란 애벌레

번데기 방도 잎 두 장을 붙여 만들었다.

수꽃이 피는 사시나무   암꽃이 피는 사시나무

흰색 나무껍질

사시나무 잎자루는 잎의 길이와 비슷해서 바람에 심하게 흔들린다.

방심은 금물,
'늘 조심조심'

참새나 붉은머리오목눈이 같이 무리지어 다니며 재잘거리던 작은 새들이 갑자기 날카롭고 높은 경계음을 내다가 싹 사라져 조용해질 때가 있습니다. 그럴 때 하늘을 쳐다보면 부리와 발톱이 날카로운 맹금류가 선회하거나, 먹이를 덮치기 위해 쏜살같이 내리 꽂는 것을 볼 수 있습니다.

쉬면서도 두리번거리며 경계를 늦추지 않는 참새

먹이를 발견하고 정지비행을 하며 덮칠 기회를 노리는 황조롱이

활공하며 먹이를 찾는 매

120

겨울철에 많이 보이는 맹금류 큰말똥가리

작은 새들을 위협하는 요소는 많습니다. 하늘을 날며 먹이를 찾는 참매, 새매, 붉은배새매 같은 맹금류가 있고, 마을과 숲을 어슬렁거리는 고양이나 조용히 기어 접근하는 뱀이 언제 어디서 덮칠지 모릅니다. 맘 놓고 식사할 수도 없습니다. 깨알 하나를 주워 먹더라도 수십 번 두리번거리며 주위를 살핍니다.

덩치 큰 맹금류라고 해서 겁이 없는 것은 아닙니다. 말똥가리나 참매 같은 맹금류는 멀리 떨어져 있는 높은 나무에 앉아서도 사람이 자기를 본다고 느끼면 일찌감치 피해 달아납니다.

덩치가 크나 작으나 야생에 사는 새들 대부분이 위험 속에서 불안하게 살아가는 것 같습니다. 그래서인지 새들은 미리 위험을 감지하고 피할 수 있도록 시력이 뛰어나고 눈의 구조도 특이합니다. 새들의 시력은 사람보다 서너 배 이상 좋아 멀리 있는 작은 물체도 잘 보고 구별할 수 있습니다. 또 대부분 머리 양옆에 눈이 붙어 있어 좌우에 있는 사물은 기본이고 앞뒤에 있는 것까지도 머리를 돌리지 않고 볼 수 있습니다.

새들이 사소한 것도 주의하고, 경계를 늦추지 않는 것은 순간의 방심만으로 목숨을 잃을 수도 있기 때문입니다.

무리지어 다니는 붉은머리오목눈이(뱁새)는 '찌릿' 소리를 내어 위험을 알린다.

풀씨를 먹으며 주변을 살피는 꼬까참새

주변을 살피는 큰밭종다리

목을 길게 빼어 주변을 살피는 울새

나뭇가지에 앉아 경계하는 긴꼬리홍양진이

조심성이 많은 멧종다리

124

덩치가 커서 한참동안 뛰어야 날아오를 수 있는 큰고니는 주변을 잘 경계한다.

높은 곳에 앉아 주위를 살피는 긴점박이올빼미

어미 새의 소리에
귀 기울이는
어린 새들

저수지 수면 위로 물안개가 피어오르는 6월의 아침. 저수지 가장자리의 갈대 사이에서 놀던 흰뺨검둥오리 새끼들이 내가 다가가는 소리에 놀랐는지 엄마를 따라 저수지 가운데를 향해 줄지어 헤엄쳐 갑니다. 새끼가 7마리인 가족, 13마리인 가족도 있습니다.

"흩어지지 말거라."

"빨리 엄마를 따라 오너라."

흰뺨검둥오리 새끼들 중 어느 한 마리도 엄마가 보내는 신호를 놓치거나 거스르지 않습니다. 한 곳에 이르니 엄마가 이제는 안전하다고 말했는지 흩어져서 놉니다. 새끼가 아무리 많아도 한 마리가 움직이는 것처럼 일사분란하니 엄마 혼자 새끼들을 돌봐도 힘들지 않을 것 같습니다.

노랑턱멧새 둥지에 새끼 4마리가 앉아 있었습니다. 눈에 잘 띄지 않는 안전한 장소에 둥지를 만들었지만, 천적에게 둥지의 위치를 들키기라도 하면 새끼들을 모조리 잃게 될 게 뻔해 부모 새들은 항상 조심스럽습니다. '찌릿'하는 소리가 들렸습니다. 부모 새가 어디에서 신호를 보냈는지는 모르겠지만 위험이 닥칠 수 있으니 조용히 엎드려 있으라는 신호 같습니다. 새끼들은 잘 알아듣고 꼼짝하지 않았습니다.

흰뺨검둥오리와 노랑턱멧새 뿐만이 아니라 어느 종류든지 새끼들은 부모의 소리에 귀 기울이고 그에 따라 움직입니다. 눈도 뜨지 못한, 깨어난 지 며칠 안

어미를 따라
이동하는
흰뺨검둥오리
새끼들

흰뺨검둥오리
가족이 저수지
안쪽으로
헤엄쳐 간다.

둥지 속에 있는 노랑턱멧새 새끼들

어미가 먹이를 물고 둥지에 가면 새끼들은
큰 소리를 내며 달라고 조른다.
어미가 둥지로 온 시간은 안전하다고 생각하는 것 같다.

된 새들도 부모의 소리를 듣고 입을 벌리며, 배가 고프다고 조르기도 합니다.
부모의 소리를 알아듣는 것, 그에 따라 행동하는 것이 자신을 보호하는 것이란
걸 잘 아는 듯합니다.

근처에서 노는 새끼들을 돌보는
원앙 어미

원앙. 어미가 위험하다는 신호를 보낼 때까지 새끼들은 걱정하지 않고 논다.

꼬마물떼새 새끼들. 어미가 안전하다는 신호를 보낼 때까지 땅에 엎드려 있다.

130

어미를 따르는 원앙 새끼들

폭포 안에
둥지를 지으면 안전해

시원한 계곡에서 발을 담그고 더위를 식히노라면 "삐릭" 소리를 내며 머리 위로 휙 지나가는 새가 있습니다. 새에 관심 없는 사람이라면 지나가는지조차 모를 정도로 빠른 속도입니다. 이리저리 굽이 흐르는 물줄기를 따라 쌩하니 낮게 날아가는 모습은 장애물을 피하는 전투기의 비행처럼 현란합니다.

뛰어난 잠수 실력까지 갖춘 이 새는 산간계곡 맑은 물에서 살아가는 텃새 물까마귀입니다. 발에 물갈퀴가 없는데도 날개로 물속을 자유자재로 다니고, 물

물까마귀가 선호하는 둥지 장소

물속으로
뛰어드는
물까마귀

물살을
거슬러 올라가며
먹이를 잡았다.

다리 철재 난간에 지은 둥지

살을 거슬러 헤엄칠 수도 있습니다. 물살이 센 계곡에서 각다귀, 강도래, 날도래 같은 곤충의 애벌레를 먹습니다.

물까마귀의 습성 중 빼 놓을 수 없는 것은 조심성입니다. 물까마귀는 인적이 드문 계곡에서 번식하는데, 둥지를 준비할 때 사람이 근처에 얼씬거리기만 해도 다른 곳으로 옮겨 다시 둥지를 짓습니다. 심지어 여러 개를 만들어 놓고 가장 안전한 곳을 사용하기도 합니다. 물이 떨어지는 폭포의 안쪽에 주로 둥지를 만들기 때문에 둥지가 전혀 보이지 않는 경우가 많습니다.

물에서 나와 몸을 흔들어 털면
깃털에 물기가 남지 않는다.

새끼에게 줄 먹이를 잡았지만 침입자가 근처에 있을 때는 둥지로 들어가지 않는다.

조심스럽게 헤엄쳐서 둥지 쪽으로 접근한다.

어린 새도 안전한 곳에서 어미를 기다린다.

잎을 오려
접어붙이는
애벌레

나비 한 마리가 팔랑팔랑 날아다니다가 마 잎 위에 앉아서 알을 낳습니다. 알 하나를 낳는데 몇 초 이상 걸리는 것을 보면 특별한 작업을 하나 봅니다. 나비가 날아간 뒤 방금 낳은 알을 보니 자잘한 털로 덮여 있습니다. 알을 낳은 후 배 끝에 있는 털을 묻혀 알이 아닌 것처럼 위장해 놓은 것입니다. 이 알의 주인공은 바로 왕자팔랑나비입니다.

애벌레의 행동도 특이합니다. 며칠 후 다시 가서 살펴보니 애벌레는 이미 깨어 나왔고 그 잎의 한 쪽 귀퉁이가 아주 작은 조각으로 오려져서 접혀 있습니다. 애벌레가 자신의 몸 크기에 맞게 잎을 오리고 접은 뒤 거미줄 같은 실을 토해 꼼꼼하게 꿰매듯 만든 집입니다.

집 크기는 지름 5밀리미터 미만. 그보다 훨씬 작은 애벌레가 잎을 오리고 실을 토해 엮느라 얼마나 힘들었을까요? 눈에 잘 띄지도 않는 작은 애벌레가 누구에게서 이런 재주를 배웠으며 어떻게 집을 만들었는지 감탄이 나옵니다.

허물을 벗으면서 애벌레가 자라면 다른 잎으로 옮겨가서 몸에 맞는 은신처를 새로 만듭니다. 잎을 오려 접었지만, 잎맥 부분은 손상하지 않아 잎은 싱싱한 녹색을 유지합니다. 은신처가 시들면 잎도 변형될 뿐 아니라, 갈색으로 변하면 사용할 수 없다는 것을 아는 것입니다.

알에서 깨어 나온
애벌레는 자기 몸을
덮을 만큼 잎을
오리고 접어
방을 만든다.

접은 잎 속에
들어 있던
애벌레

애벌레의 크기에 따라 방의 크기도 달라진다.

알을 낳고 있는 왕자팔랑나비. 배에 있는 털로 알을 덮기 때문에 알 낳는 시간이 다른 나비에 비해 긴 편이다.

암컷이 애벌레의 먹이식물인 마 잎에 알을 낳았다.

털로 덮어 놓아 알이 아닌 것처럼 보인다.

곧 번데기가 될 종령 애벌레

왕자팔랑나비 어른벌레

잎을 단단히 묶고
겨울을 나는 애벌레

겨울의 거센 바람이 나뭇가지를 뒤흔듭니다. 잎사귀를 다 내려놓은 뒤라 나무는 꼼짝 않고 서 있지만 가지는 이리저리 정신없이 흔들리고 마지막 남은 나뭇잎 몇 개마저 모두 떨어지려고 합니다. 그런데 세찬 바람에도 끝까지 떨어지지 않는 나뭇잎이 있습니다. 어리세줄나비 애벌레가 실을 토해 단단하게 묶어 놓은 잎사귀입니다.

어리세줄나비의 날개는 흰색 비단에 먹으로 줄을 그은 듯 우아합니다. 녹음이 짙어진 봄날 산속 계곡 주변이나 산길의 축축한 땅바닥, 동물의 사체나 배설물에서 배를 채우는 어리세줄나비를 볼 수 있지만, 다가가면 한두 번 옮겨 앉다가 이내 멀리 날아가 버립니다.

암컷은 5~6월에 애벌레의 먹이식물인 느릅나무에 알을 낳습니다. 애벌레는 빨리 자라서 나비가 되기를 바라지만, 찬바람이 불기 시작하는 10월 말이 되어도 2센티미터를 넘지 않을 만큼 더디게 자랍니다.

낙엽이 떨어지기 전 이 작은 애벌레는 겨울을 준비합니다. 먼저 겨울동안 붙어 있을 나뭇잎을 하나 정합니다. 그러고는 잎자루가 나뭇가지에서 떨어지지 않도록 입에서 실을 토해 꽁꽁 묶습니다. 그런 뒤 마지막 식사를 합니다. 실로 묶어 고정시킨 그 잎사귀를 끝에서부터 모두 갉아 먹고 잎자루 근처의 자기가 붙어 있을 좁은 부분만 남겨 놓습니다. 잎의 표면적이 적으면 적을수록 바람의 영향을 적게 받아 덜 흔들리기 때문일 것입니다.

찬 서리가 내리면서 이파리가 누런색으로 변하면 애벌레의 몸도 갈색으로

겨울을 나는 애벌레. 잎의 크기를 애벌레 크기 정도로 작게 남기고 모두 갉아 먹었다.

느티나무 잎에 알을 낳는 암컷. 애벌레는 주로 느릅나무 잎을 먹지만 느티나무를 먹기도 한다.

바뀝니다. 그래서 바로 앞에서 보아도 잘린 잎 조각만 남은 듯합니다. 애벌레 찾기가 마치 고난도 숨은그림찾기 같습니다. 그렇게 시작된 어리세줄나비의 겨울나기는 새싹이 돋아나는 이듬해 봄까지 이어집니다.

알은 육각으로 결각이 있는 원형이며,
선이 만나는 곳마다 털이 나 있다.

1령 애벌레

종령 애벌레

잎에서부터 잎자루, 가지까지 실로 튼튼하게 엮어 놓아
겨우내 잎이 떨어지지 않는다.

목숨을 위한
최후의 선택

풀밭에서 메뚜기나 방아깨비 같은 곤충을 관찰하다 보면 생각지도 않게 다리가 끊어져 안타까울 때가 많습니다. 이것은 곤충이 위험을 느끼고 스스로 다리를 끊어버려 생기는 일입니다.

이렇게 신체의 일부를 끊는 것을 자절 또는 자할이라고도 합니다. 곤충뿐만 아니라 불가사리 같은 극피동물, 게나 새우 같은 갑각류, 오징어 같은 연체동물 등 무척추동물에 자절하는 종류가 많으며, 도마뱀이나 장지뱀 같은 척추동물도 자절합니다. 종류에 따라서 개체 증식을 목적으로 생식자절을 하는 경우도 있지만, 이들은 자신의 목숨을 건지기 위해 신체의 일부를 잘라내는 방호자절입니다.

자절은 대부분 탈리절이라는 미리 정해진 부분에서 일어납니다. 위험에 처하면 근육을 심하게 수축해 절단시킵니다. 탈리절에는 끊어져도 출혈되지 않도록 하는 격막이 있어 생명에는 지장이 없습니다. 장지뱀이나 도마뱀은 꼬리가 끊어져도 시간이 지나면서 서서히 재생되어 꼬리가 새로 생깁니다. 다리가 잘린 거미도 마지막 탈피를 끝낸 어른 거미만 아니면 다음 탈피를 하면서 새로운 다리가 생깁니다. 신체의 일부를 자르고서라도 생명을 지키려는 의지가 대단합니다.

꼬리가 잘린
줄장지뱀

줄장지뱀의
꼬리
절단부분

아무르장지뱀과
표범장지뱀.
장지뱀들은 꼬리의
일정한 부분을
자절시킨다.

뒷다리가 잘린 방아깨비

뒷다리가 잘린 실베짱이

151

한삼덩굴 잎 뒤에는 애벌레가 있어

네발나비 애벌레는 한삼덩굴을 갉아먹고 삽니다. 한삼덩굴은 덩굴줄기가 길게 뻗어나가 밭에 있는 농작물을 휘감아 덮어버리며, 줄기에는 갈퀴 같은 작은 가시들이 빼곡히 나 있어 피부에 스치기라도 하면 쓰라린 상처를 만드는 골치 아픈 풀이라서 농부들이 싫어합니다.

네발나비는 이른 봄부터 활동합니다. 가을부터 봄까지 어른나비로 겨울을 보낸 암컷은 한삼덩굴의 새싹이 땅에서 올라올 때 잎에 알을 낳기 시작해, 일 년에 서너 차례 번식 주기를 반복합니다.

한삼덩굴을 주의 깊게 살펴보면 가장자리가 아래쪽으로 처져 시들은 듯이 보이는 잎이 있습니다. 그 잎을 뒤집어 보면 분명 네발나비의 애벌레가 있습니다. 애벌레는 실을 토해 한삼덩굴 잎 가장자리를 아래로 늘어지게 고정시키고 잎 뒷면에 방을 만듭니다.

애벌레는 식사시간이 되면 방에서 나와 줄기를 타고 다른 잎으로 가서 갉아먹고, 배를 채우고 나면 곧장 자기의 방으로 돌아옵니다. 먹을 때 출입하는 것 외에는 안전한 자기만의 방에서 시간을 보냅니다. 까만색에 가시처럼 돌기가 돋은 애벌레는 언뜻 보기에 징그러워 천적이 전혀 없을 것 같지만, 황금빛 번데기가 되기 전까지 언제나 조심스럽습니다.

가을까지 꽃밭을 날아다니던 네발나비는 겨울이 오면 풀밭이나 나무덤불에서 마른 나뭇잎처럼 붙습니다. 시력이 좋은 새들도 찾아내기 어려울 정도로 감쪽같이 숨어 있어 안전하게 겨울을 보낼 수 있습니다.

한삼덩굴 잎을 엮어 만든 집

한삼덩굴 잎이 아래쪽으로 처진 것을 보고 애벌레를 찾는다.

잎을 모아 실로 엮어 만든 은신처

한삼덩굴 줄기 끝 부분에 알을 낳는 네발나비

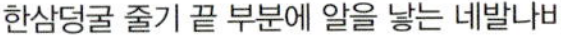

짝짓기

네발나비의 알

가시 같은 돌기가 많이 돋은 애벌레

줄기에 매달린 번데기

어른벌레로 겨울을 나는 네발나비

나무 위에 사는 개구리

우리나라에 사는 개구리 중 귀여운 개구리를 꼽으라면 단연 청개구리입니다. 3~4센티미터 크기로 작고 예쁩니다. 시골에 집이 있다면 유리창으로 올라와 방을 들여다 보기도 하고 방안에 들어와 뛰어다니는 것을 어렵지 않게 볼 수 있습니다.

청개구리는 알을 낳을 때가 아니면 나무 위에서 생활합니다. 트리 프록(tree frog)이라는 영어 이름이 그 습성을 잘 말해줍니다. 청개구리는 덩치와 어울리지 않게 제법 큰 소리를 내어 웁니다. "깨깨깨깨깨……" 여러 마리가 함께 소리를 내면 시끄러울 정도입니다. 우리가 흔히 아는 개구리 소리인 "개골개골"과는 거리가 멉니다.

청개구리의 특이한 점은 몸 색깔이 변한다는 것입니다. 녹색만이 아니라 갈색, 황토색, 검정색, 하늘색을 띠기도 해서 청개구리가 아닌 것 같은 느낌이 들기도 합니다. 여름에 나무 위에서 지내던 청개구리는 녹색이었다가 가을에 겨울을 나려고 낙엽 아래로 들어갈 때가 되면 얼룩이 있는 갈색으로 바뀌어 이듬해 봄까지 지냅니다. 봄이 되어 나무로 올라갈 때가 되면 다시 녹색으로 돌아옵니다. 나무 위에서 주로 지내는 것도, 몸 색깔이 바뀌는 것도, 자기를 지키는 방법입니다. 참 신기하지요?

청개구리는 물가보다는 나무 위에서 살아간다.

습지의 창포 잎 위에
앉아 있는 청개구리

겨울이 다가오면 몸 색깔이 변한다.

이듬해 5월까지 산 중턱의 숲속, 낙엽 속에서 겨울잠을 잔다.

비상 탈출구를
확보한 둥지

3월 첫 날, 가족과 함께 치악산 계곡을 산책했습니다. 천천히 걷던 중, 오래된 벚나무 구멍에서 눈망울이 커다란 하늘다람쥐 한 마리가 머리 내미는 것을 보았습니다. 겨울잠을 자고 막 일어난 것처럼 조심스럽게 바깥을 바라보더군요.

하늘다람쥐의 흔적은 많이 봐왔지만 실제 모습을 보는 것은 처음이라 무척 반가웠습니다. 잠시 후 꼬리가 하나 더 나타나더니 두 마리가 구멍에서 나와 나무를 기어오릅니다. 잠시 나무를 오르락내리락하던 하늘다람쥐가 다시 구멍 속으로 들어가더니 잠잠합니다. 낮잠을 자나 봅니다. 같은 길을 수없이 지나다녔고, 오래된 나무라 관심 있게 봐왔었는데도 아무런 동물을 본 적이 없었는데, 구멍 속에 들어간 뒤 쥐죽은 듯 조용한 것을 보니 그럴 만도 했다 싶었습니다.

몇 시간이 흐른 뒤 나무 구멍 안에서 소리가 났습니다.

"꾸우우우웅. 꾸우우우웅"

다시 바깥으로 나온 하늘다람쥐의 행동이 예사롭지 않습니다. 짝짓기를 하려나 봅니다.

그런데 내가 너무 가까이 다가간 탓일까요? 다시 구멍 속으로 들어갑니다. 그러나 얼마 지나시 않아 좀 전에 났던 그 소리가 다시 들립니다.

"꾸우우우웅. 꾸우우우웅"

분명히 바깥쪽에서 소리가 났는데 모습은 보이지 않아 뒤편으로 가보니 나란히 붙어 있는 한 쌍이 보입니다. 지켜보고 있던 큰 입구 외에 다른 출구가 있

겨울잠에서 깨어난 하늘다람쥐

무심코 지나치다
구멍에서 머리를
내밀고 있는
하늘다람쥐를
발견했다.

한 쌍이
나무 구멍에서
모두 나왔다.

었던 것입니다. 자세히 살펴보니 눈에 띄지 않는 작은 구멍이 두어 개 더 있습니다.

　곰곰이 생각해보니 구멍에 입구가 하나뿐이라면 천적이 그곳으로 침입해 들어올 때 꼼짝없이 죽을 수밖에 없을 텐데, 대피할 비상구가 있으면 그만큼 안전할 듯합니다. 하늘다람쥐가 안전하게 살아갈 수 있는 비결은 비상구가 여러 개 있는 집이었습니다.

나무줄기를 타고
오르락내리락하며 장난을 친

"꾸우우우웅" 소리를 내며 짝짓기를 한다.

요건 몰랐지?

못 찾겠다. 꾀꼬리!

6월, 숲속은 나뭇가지 흔들리는 소리, 시냇물 흐르는 소리. 애벌레가 낙엽 갉아 먹는 소리, 곤충이 우는 소리, 새들의 노랫소리로 가득합니다.

이 가운데 귀가 번쩍 트이는 소리가 있습니다. "호~이오. 호~이오. 호호호 이야~이오." 바로 꾀꼬리의 노랫소리입니다. 음량이 풍부하고 음색이 맑아서 마치 훌륭한 연주를 듣는 듯합니다. 노란 깃털과 눈 주위의 까만색이 이루는 조화는 연미복을 차려입은 것 같지요.

소리가 분명 근처 나무에서 들리는 것 같은데 아무리 찾아보아도 꾀꼬리가 보이지 않습니다. 깃털이 샛노랗고, 노래하기도 좋아하니 쉽게 눈에 띌 법도 한데, "못 찾겠다 꾀꼬리"란 말이 괜히 생긴 게 아닌가 봅니다.

꾀꼬리는 자기 몸 색깔이 눈에 잘 띄기 때문에 자칫 방심하고 노래를 부르다가 둥지를 들킬 수 있다는 것을 잘 알고 있습니다. 그래서 몸을 숨기고 노래를 부릅니다. 또 나뭇가지 사이를 이리저리 돌아다니며 노래하기도 합니다. 둥지로부터 먼 곳으로 천적의 시선을 돌리려는 것입니다.

위험한 상황이 닥쳤을 때, 자신은 재빨리 달아날 수 있지만 둥지에 있는 새끼들은 그렇지 못하니, 자칫 노래 부르다가 새끼들을 모두 잃을 수 있기 때문입니다. 노래 부르기 좋아하는 꾀꼬리도 아무 때, 아무 곳에서나 노래하는 것은 아니랍니다.

나무 위에서 노래 부르는 꾀꼬리

노란 깃털과 주홍색 부리,
선글라스를 쓴 것 같은 까만 눈선이 매력적이다.

배고픈 새끼를
확인하며
골고루 먹이를
먹인다.
암수가 함께
새끼를 돌본다.

답답하다고
뛰쳐나가면 안 돼!

둥지를 다른 말로는 둥우리, 보금자리라고도 합니다. 보금자리는 안식처라는 뜻도 있으니 생각만 해도 포근하고 편안해집니다.

사람들은 매일 집에서 잠자고 생활하지만 새들은 알을 낳고, 품고, 새끼를 키우는 번식 시기에만 둥지를 만들고 사용합니다. 따라서 일 년에 한두 차례 둥지 생활을 합니다.

'둥지' 하면, 사람들은 대부분 서너 개로 갈라진 나뭇가지 사이에 지푸라기로 만든 밥그릇 모양을 떠올리지만, 새들은 우리가 상상하는 것보다 훨씬 더 다양한 재료로 크기와 모양이 다채로운 둥지를 만듭니다. 새에 따라 지름이 10센티미터도 안 되는 작은 둥지부터 2미터가 넘는 큰 둥지를 만들기도 하며, 항아리 모양, 접시 모양, 동굴 모양 등 모양도 다양합니다.

흰배지빠귀는 나뭇가지에, 진박새는 바위틈이나 작은 나무 구멍에, 붉은머리오목눈이는 잎으로 가려지는 낮은 나무에 둥지를 만듭니다. 이처럼 종마다 각기 다른 장소에 둥지를 만드는데, 공통점은 침입자로부터 새끼들을 안전하게 지키며 건강하게 키울 수 있는 곳, 먹이를 쉽게 구할 수 있는 곳이라는 것입니다. 둥지를 찾아보세요. 제비나 까치 같은 예외도 있지만, 분명히 드나들고 소리도 들리는데 찾기 어려울 것입니다.

어린 새들은 둥지 안에 있을 때 안전하게 부모의 보살핌을 받으며 건강하게 자랄 수 있습니다. 만약, 혼자 먹이를 잡을 수도 없고, 세상물정도 모르는 어린 새가 작은 둥지가 싫증나고 갑갑하다고 뛰쳐나간다면, 어떤 일이 일어날까요?

풀밭에 은밀하게 만든
노랑머리할미새 둥지

고목 구멍에 둥지를 튼 찌르레기

오동나무 구멍에 둥지를 마련한 청딱따구리

물 위에 뜨는 수초를 모아 둥지를 지은 귀뿔논병아리

지름이 약 3미터나 되는 독수리 둥지.
깎아지른 절벽에 나뭇가지를 많이 모아 둥지를 만들었다.

습지의 갈대 위에
마른 갈대로 만든
댕기물떼새 둥지

밥공기 모양으로
크기가 작은 붉은머리
오목눈이 둥지.
지푸라기와 거미줄을
이용해 만든다.

굵은 나뭇가지
위에 지푸라기로 만든
흰배지빠귀 둥지

인적이 드문 풀밭,
붓꽃 포기 가운데
부드러운 깃털로 만든
흰뺨검둥오리의 둥지.
자리를 잠시 비울 때는
깃털로 알을 덮어
보이지 않게 한다.

알고 보면
고마운 나무

아까시나무는 오월과 유월 사이 키 큰 나무에 희고 탐스런 꽃을 피워 세상을 달콤한 향기로 가득 채웁니다. 아까시나무의 종명인 수도아카시아(*pseudoaccacia*)는 '가짜 아카시아' 혹은 '아카시아를 닮은'이라고 풀이할 수 있는데, 그 이름이 잘못 알려져 아카시아나무라고 부르는 사람이 많습니다. 원래 아카시아나무는 열대지방에서 자라는 노란 꽃을 피우는 나무입니다.

나는 어릴 적에 어른들로부터, 일제강점기 때 일본 사람들이 우리나라를 황폐하게 만들려고 아까시나무를 심었다는 이야기를 들었기에 정말로 그런 줄 알았습니다. 실제로 아까시나무가 몇 그루만 있어도 근처에 새로운 포기가 계속 퍼져 나와 몇 년 만 지나도 그 주변이 아까시나무 숲으로 변하는 것을 보았습니다. 그리고 아버지와 함께 고춧대를 세울 막대기를 만들려고 아까시나무를 자르다가 여러 번 가시에 찔리고는 아까시나무 근처에도 가지 않았습니다. 그러면서 아까시나무를 우리나라에서 사라져야 할 몹쓸 나무로 생각했습니다.

그렇다고 나쁜 기억만 있는 것은 아닙니다. 어머니께서 아까시나무 꽃을 따다 만들어 주신 튀김은 정말 맛있었고, 잎을 따서 친구들과 가위 바위 보를 해서 하나씩 떼어 내며 놀던 추억도 생생합니다.

알고 보면 아까시나무는 우리에게 도움을 주는 고마운 나무입니다. 아까시나무는 맛있는 꿀을 생산할 수 있게 해주는 중요한 밀원입니다. 아까시나무가 아니었다면 요즘처럼 많은 사람들이 쉽게 꿀맛을 보지 못했을 겁니다. 실제로 양봉하는 분들에게는 없어서는 안 될 중요한 나무입니다.

향긋한 냄새가 나는 꽃

꽃이 동시에 피었다가 진다.

　예전에는 아까시나무 때문에 땅이 척박해졌다고 생각했는데, 실제로는 땅을 비옥하게 합니다. 황폐한 땅에 뿌리를 내리고 살아가는 아까시나무는 뿌리에 뿌리혹박테리아라는 것이 있습니다. 이것은 콩과식물의 특징으로, 여기에서 공기 중의 질소를 끌어 모아 저장합니다. 땅이 비옥해지려면 토양 중에 질소가 풍부해야 하는데, 그 일을 해주는 것이지요. 그뿐인가요. 뿌리가 잘 발달하므로 산비탈의 흙들을 고정시켜 산사태를 막아주기도 합니다.

꽃이 지면 열매가 달린다. 콩과 식물이어서
열매 모양이 콩 꼬투리와 비슷하다.

날카로운 가시. 가시 사이의 숨은 겨울눈에서 싹이 난다.

최근에 들여온 분홍색 꽃이 피는 종류도 있다.
꽃아까시나무라고 부른다.

꿀벌이 아까시나무 꽃에서 모아온 꿀

그렇다고 아까시나무가 우리나라의 숲을 뒤덮을 일은 없습니다. 아까시나무는 수명이 길지 않아 몇십 년이 지나면 세력이 약해지고 죽어 썩습니다. 또한 척박한 땅에서는 번성하지만 나무가 많이 자라 숲을 이루게 되면, 다른 나무들에게 자리를 내어 주기도 합니다. 해발고도가 높은 곳에서는 살지도 않지요.

이처럼 아까시나무는 우리가 알아주지 않아도 척박한 땅을 기름지게 해주고, 꿀도 제공하며, 산사태도 막아주는 고마운 나무입니다. 이제 아까시나무를 오해하지 않아야겠습니다.

원주 근처의 치악산을 올려다 보면 아까시나무의 꽃이 산 아래쪽에만 피어 있음을 알 수 있다.
아까시나무는 고도가 높은 곳에서는 살지 않는다.

먹이와
사는 곳에 따라
다른 모양

새들이 다른 동물들과 구별되는 뚜렷한 특징 중의 하나가 부리입니다. 부리로 무언가를 쪼고, 뜯기도 하며 꽂아서 먹이를 찾기도 합니다. 긴 것, 짧은 것, 뾰족한 것, 뭉툭한 것, 납작한 것, 둥근 것, 두툼한 것, 가는 것, 아래로 휘어진 것, 위로 휘어진 것 등 부리의 생김새는 무척 다양합니다.

부리의 생김새는 생활과 밀접한 연관이 있어 부리만 보고도 어디에서 무엇을 먹고 사는 새인지 알 수 있습니다. 부리가 두툼한 콩새, 양진이, 황여새, 되새 등은 풀씨나 열매 등 식물성 먹이를 먹고, 부리가 뾰족한 곤줄박이, 동고비, 산솔새는 나무에서 벌레를 찾아먹습니다. 나무발바리의 부리는 나무줄기의 껍질 틈에 숨어 있는 벌레를 쉽게 빼 먹을 수 있도록 가늘게 휘어져 있고, 딱따구리 부리는 나무를 파서 먹이를 먹을 수 있게 길고 뾰족하며 튼튼합니다.

갯벌에 사는 새들의 부리도 저마다 다릅니다. 보통 도요들의 부리는 뾰족하고 곧지만, 마도요의 부리는 15센티미터 정도로 긴 것이 아래로 휘어져, 갯벌을 푹푹 찔러 깊은 곳에 있는 게나 조개를 찾아 먹을 수 있습니다. 큰뒷부리도요의 긴 부리는 위로 휘었고, 꺅도요의 부리는 길고 곧습니다. 저어새는 주걱처럼 생긴 부리로 물속을 저어가며 먹이를 찾고, 백로 부리는 작살처럼 물고기를 찍어 올릴 수 있습니다.

새들의 부리를 살피며 그들의 생활과 역할을 상상해 보세요.

물속의 물고기를 사냥하는 물총새

지렁이를 먹고 있는 중국지빠귀

멀구슬나무 열매를 따먹는 물까치

노박덩굴 열매를 먹는 멋쟁이

콩새

양진이

되새

동고비

산솔새

나무발발이

쇠딱따구리

마도요

큰뒷부리도요

꺅도요

저어새

중대백로

넓적부리도요

검은머리물떼새

청다리도요

뒷부리도요

청머리도요

청도요

괭이갈매기

큰부리밀화부리

후투티

붉은부리찌르레기

긴꼬리홍양진이

192

노랑할미새

물때까치

소쩍새

초원수리

꽃이 지자마자
바싹 마르는 풀

꿀풀은 시골 길가와 무덤 주변에서 자라며, 한여름에 보라색 꽃이 핍니다. 봄에 싹이 나서 꽃대가 올라오면 6월에 꽃이 동시에 피어나기 때문에 온 마을을 보랏빛으로 물들입니다. 무리 짓는 습성이 있어 꽃 수백 수천 송이가 한데 어우러지면 마을 전체가 아름다운 정원이 됩니다. 그러나 짧은 꽃잔치가 끝나면 풀 전체가 누렇게 변해 마치 말라 죽은 것 같습니다. 그래서 여름에 말라버리는 풀이라는 뜻의 하고초(夏枯草)라고도 부릅니다.

꿀풀에 얽힌 옛날이야기가 있습니다. 과거시험을 보려고 길을 떠난 선비가 한양으로 가는 길에 병이 나서 꼼짝 못하고 누웠는데, 한 노인이 가르쳐준 약초를 먹고 깨끗이 나았습니다. 선비는 허겁지겁 한양으로 올라가 시험을 치렀고, 돌아오는 길에 그 약초를 찾아보았지만 찾을 수가 없었습니다. 그 약초가 바로 꿀풀이었는데 여름이 다 가기 전에 바싹 말라버려 선비가 다시 찾아왔을 땐 보이지 않았던 것입니다.

지리산 자락 어느 마을에서는 꿀풀을 관광 상품으로 만들었습니다. 꽃이 피어 있는 동안에는 토종벌들이 꿀을 모으게 해 토종꿀을 생산하고, 꽃이 지고 바싹 마르면 마른 풀을 채취해 약초를 만들어 판매합니다. 꿀풀은 간기능, 안과 질환을 다스리고, 혈압을 낮추어 염증을 가라앉힙니다. 또 갑상선기능도 향상시키는 좋은 약재입니다. 장마 뒤에 다른 풀들이 웃자라면 자리를 내어 주고 말라 버리는 풀이지만, 상품과 약재, 아이들의 심심풀이 간식도 되어 주는 유용한 식물입니다.

보랏빛으로
피어나는 꽃

흰색 꽃이 피는 흰꿀풀.

늦봄에 꽃이 피었다가 장마철이 지나고 한 여름이 되면 전체가 말라버린다.

숲속의 비료

나비의 생활을 관찰하려고 나비 여러 종류를 길렀습니다. 햇빛이 잘 들어오는 거실에 화분을 들여놓고, 식탁 위에도 나비의 먹이식물을 놓았습니다. 나비 애벌레들은 종마다 먹이식물이 다르기 때문에 그에 맞는 식물들을 종류대로 준비해야 합니다.

부전나비들과 대왕나비 먹이로는 참나무를 준비하고, 왕오색나비와 수노랑나비, 뿔나비 등의 먹이로는 풍게나무나 팽나무를, 북방까마귀부전나비를 키우려고 짝자래나무를 화분에 심었습니다. 그 외에도 조팝나무, 가래나무, 현호색, 인동도 심어 굵은줄나비, 긴꼬리부전나비, 모시나비, 금빛어리표범나비를 키울 준비를 했습니다. 애벌레들이 잎을 갉아먹고 조금씩 자라는 모습을 보고 있노라면 얼마나 행복한지 모릅니다.

애벌레가 작을 때는 귀엽기만 하다가 허물을 벗으면서 점점 커져가니 곤란한 일이 생겼습니다. 어찌나 먹성이 좋은지 애벌레들이 잎을 갉아 먹고 싸는 똥의 양이 엄청났습니다. 크기가 작은 부전나비 종류들은 굵은 모래알만한 똥을, 큰 애벌레들은 밥알만한 똥을 싸는데, 특히 왕오색나비는 식성이 너무 좋아 몇 마리를 키울 뿐인데도, 하룻밤 새 방바닥이 새까맣게 변해버립니다.

"애벌레 수십 마리가 싸는 똥이 이렇게 엄청난데 숲에서 모든 애벌레가 만들어내는 똥은 얼마나 많을까?"

떨어진 나뭇잎이 분해되어 숲의 거름이 되기까지 오랜 시간이 걸리는데, 애벌레의 똥에 들어 있는 미생물이 낙엽을 훨씬 빨리 분해해줍니다. 땅이 좋아지

풍게나무의
뿔나비 애벌레와 번데기

면 나무도 더 건강하게 자랄 수 있으니 애벌레를 건강하게 키우는 것도 나무의 임무이지요.

'똥'이라고 하면 더럽게 생각할지 모르지만, 애벌레의 똥은 나뭇잎을 먹고 만들어내는 것이어서 더럽지도 않습니다. 손으로 비벼보면 부드러운 흙처럼 보이는 나뭇잎 가루입니다. 작고 보잘 것 없어 보이는 애벌레가 생태계를 위해 대단한 일을 하니 참으로 고맙고, 대견하지 않은가요?

호랑나비 종령 애벌레가 이틀 동안 싼 똥

애벌레의 똥에는 미생물이 많이 포함되어 있어 토질에 좋은 영향을 미친다.

똥 싸는 왕오색나비 애벌레

화단에서 찾은 박각시류의 배설물

뿔나비 애벌레들이 나뭇잎을 모조리 갉아먹어 가지만 앙상하게 남았다.

벚나무 잎을 먹는 암붉은점녹색부전나비 애벌레

가침박달나무 잎을 먹는 회령푸른부전나비 애벌레

짝자래나무 잎을 먹는 북방까마귀부전나비 애벌레

참나무 잎을 갉아 먹는 대왕나비 애벌레

팽나무류에서 사는 수노랑나비 애벌레

괴불나무에서 사는 참줄나비 애벌레

팽나무류의 잎을 먹는 홍점알락나비 애벌레

쌀 한 톨에
담긴 의미

예전에 어른들은 춘궁기에 쌀 뿐 아니라 먹을 것 자체가 귀해서 풀뿌리, 나무껍질로 연명했다고 합니다. 그래서 보릿고개는 백두산보다 넘기 힘든 고개라고들 했지요.

어릴 적 밥 먹을 때, 밥을 남기지 말라는 이야기를 많이 들었습니다. 그리고 밥그릇에 붙은 밥풀 하나 남김없이 먹어야 자리에서 일어날 수 있었습니다.

처음에는 어른들의 말씀이 귀한 쌀을 아끼라는 잔소리로 들렸습니다. 그런데 곰곰이 생각해보니 남긴 밥이 아까워서가 아니라 더 깊은 뜻이 담겨 있었습니다.

볍씨 하나를 논에 뿌리면 줄기와 잎이 여러 개로 갈라지고, 그 끝마다 벼이삭이 달려 가을에 수확하는 양은 수백, 수천 배에 이릅니다. 즉 우리가 먹다 남기는 밥풀 몇 개가 논에 심어졌다면 밥 한 공기만큼의 쌀이 만들어질 수도 있다는 이야기입니다.

우리가 남긴 밥풀 몇 개에 이러한 가능성이 담겨져 있었다는 것이 놀랍지요? 논에 뿌려져 수천 배로 불어날 낱알을 우리가 먹은 것이니 그 밥을 먹은 우리도 수천 배로 결실을 맺는 가치 있는 삶을 살아야 하지 않을까요?

볍씨 한 톨이 결실을 맺으면
수백, 수천 배로 불어난다.

논에 옮겨심기 전 모판에서 키우는 벼

농부가 논에서 모내기를 하고 있다.

논바닥이 잘 보이지 않을 정도로 무성해졌다.

가을이 되어 벼를 수확하는 농부

쌀 한 톨에 담긴 의미를 곰곰이 생각해보자.

남이 하기 싫은 걸
해주는데도
미움만 받아

까마귀는 깃털도 새까맣고, "까악, 까악" 예쁘지도 않은 소리가 크기까지 해 미움을 받습니다. 딱히 우리에게 잘못한 것도 없고 해를 입히지도 않는데 말이지요.

우리나라 사람들이 까마귀를 싫어하게 된 이유가 또 있습니다. 예전에 사람이 죽었을 때 초상집 주위에서 "까악, 까악"거리며 맴돌았기 때문입니다. 보통 잔칫집의 남은 음식은 손님들이 얻어가지만 초상집의 음식은 그렇지 않아 남은 것을 버리는 경우가 많았습니다. 그래서 상갓집 근처에는 먹을 것이 있다는 것을 알고 영리한 까마귀들이 몰려든 것인데, 오해가 커져 까마귀가 울면 사람이 죽는다든지 재수가 없다는 말이 생겼습니다. 그뿐인가요. 깃털이 새까만 것뿐인데, 씻기 싫어하는 아이들을 꾸짖을 때도 어김없이 애꿏은 까마귀를 들먹입니다. 까마귀 입장에서 보면 억울한 누명입니다.

까마귀가 똑똑하다는 것을 말해주는 이야기들이 있습니다. 물병에 물이 조금밖에 채워지지 않았을 때 돌멩이를 넣어 물이 차오르게 해 마셨다는 이야기, 껍질이 딱딱한 호두를 찻길 건널목에 놓아두고는 차바퀴에 밟혀 깨지면, 보행자 신호에 차들이 멈춘 사이 다가가 호두 알맹이를 주워 먹는다는 이야기 등입니다. 분명 까마귀는 여느 새와 달리 지능이 높은 듯합니다.

시골의 한가한 도로를 달리다 보면 고라니, 너구리, 오소리 등의 야생동물들과 개, 고양이 등이 자동차에 치어 죽은 것을 자주 봅니다. 이런 것을 로드킬이

까마귀의 둥지

라고 합니다. 운전자들은 애써 눈길을 주지 않고 피해가려 하는데, 까마귀들은 그 주변을 맴돌다가 모여들어 사체를 먹어치웁니다. 이처럼 까마귀들이 죽거나 버려져서 냄새나고, 보기에 좋지 않은 것을 찾아 청소해 주지 않는다면, 우리 자연은 견디기 어려울 정도로 처참하고 지저분할 것입니다. 까마귀처럼, 남이 하기 싫어하는 일들을 해주는 존재가 있어 다행입니다.

우리나라에시는 까마귀를 여러 종류 볼 수 있습니다. 가장 흔한 큰부리까마귀, 겨울철에 수백 수천 마리씩 떼 지어 다녀 사람들에게 혐오감을 주는 떼까마귀, 그 사이에 종종 끼어 있는 갈까마귀, 설악산 정상 부근에 서식하는 잣까마귀 등이 있으며, 그 외에도 까마귀, 붉은부리까마귀도 있습니다.

차에 치어 죽은 고라니를 먹는 큰부리까마귀들. 생태계에서 훌륭한 청소부 역할을 담당한다.

차가 오면 근처에 앉아 차가 지나가기를 기다린다.

우리나라에서 가장 쉽게 볼 수 있는 큰부리까마귀

갈까마귀

212

설악산 정상 부근에서 관찰되는 잣까마귀

부리가 붉은색인 붉은부리까마귀

무리지어 전깃줄에 앉은 떼까마귀. 이름 그대로 수백에서 수천 마리씩 무리지어 다닌다.

굼벵이 같다는 말,
내게는 안 어울려!

모시나비의 날개는 비늘가루가 적어 반투명한 모시옷 같아 보입니다. 모시나비는 1년에 한 번, 5~6월에만 발생하며 고추나무, 덩굴딸기, 미나리냉이 등 여러 꽃에서 꿀을 빱니다.

모시나비를 1년에 한 차례 밖에 볼 수 없는 것은 바로 애벌레의 먹이인 현호색의 생태와 밀접한 연관이 있습니다. 현호색은 씨앗을 맺고 나면 잎이 녹아내려 흔적도 없이 사라집니다. 그래서 모시나비 암컷이 6월에 알을 낳아도 애벌레는 먹을 것이 없다는 것을 알고 아예 이듬해 봄까지 알 속에서 기다립니다.

봄이 되어 현호색 잎이 돋아나면 애벌레는 알에서 나와 현호색 잎을 갉아 먹습니다. 애벌레는 배를 채우면 낙엽으로 내려와 몸을 숨기다가 배가 고프면 다시 줄기를 타고 올라가 먹는데, 먹성이 얼마나 좋은지 수시로 다른 현호색을 찾아 나서야 합니다.

현호색이 무리지어 있는 곳이라면 잠시만 기어가도 되지만, 그렇지 않으면 낙엽을 넘어 멀리까지 찾아가야 합니다. 그래서인지 다른 애벌레들과 달리 빠른 속도로 기어 다닙니다. 굼벵이 같다는 말이 모시나비 애벌레에게는 어울리지 않습니다. 한번은 현호색을 캐다가 화분에 심고 방에서 모시나비를 키운 적이 있는데, 화분에서 내려와 온 방을 헤매고 다니는 바람에 혼이 났습니다.

모시나비 애벌레는 아무리 배가 고파도 식물이 죽을 만큼 갉아 먹지 않습니다. 적당히 먹고 배를 채우면 다른 현호색을 찾아갑니다. 표시나지 않게 먹어야 천적에게 위치를 들키지 않고, 현호색이 죽지 않아야 자기도 살 수 있기 때

모시나비의 짝짓기. 날개가 반투명한 모시를 닮았다.

현호색 군락지

문입니다.

　현호색은 꽃의 모양과 색깔이 아름다워 많은 사랑을 받는 꽃입니다. 이른 봄 싹을 틔우고 꽃대를 내밀어 계곡과 숲의 낙엽 덮인 갈색 대지를 초록과 보라, 하늘색으로 화사하게 꾸며주는 봄의 전령사입니다. 같은 현호색인데도 잎의 변이가 다양해 모양에 따라 빗살현호색, 왜현호색, 댓잎현호색 등 다양한 이름으로 부르기도 합니다.

218

땅바닥을 기어가는 애벌레. 현호색을 찾아 먼 거리를 여행한다.

    현호색의 뿌리는 덩이뿌리로, 혈액순환, 진통작용이 뛰어나 한방에서는 좋은 약재로 사용합니다. 속이 더부룩할 때 마시는 활명수의 주요 성분이 현호색인 것을 보면 약효가 좋긴 좋은 모양입니다. 하지만 독성이 있기 때문에 함부로 사용해서는 안 됩니다.

현호색에 붙어 있는 모시나비 애벌레

현호색의 다양한 잎 모양

사실은
목욕을 좋아해

새들이 지저분하다고 여기는 사람들이 많습니다. 도심 길거리의 비둘기나 참새처럼 땟국이 줄줄 흐르는 경우를 볼 때가 많으니 그리 생각할 수도 있습니다. 그러나 새들은 늘 목욕하며 청결을 유지합니다. 깃털을 잘 관리해 상태를 최상으로 유지해야 방수가 잘 되어 체온도 유지하고 안전하게 날 수도 있기 때문입니다. 그래서 먹이를 실컷 먹어 배가 부르고, 기온이 따뜻하게 오르면 저마다 목욕하며 깃털을 다듬습니다.

목욕하는 방법은 새들마다 조금씩 다릅니다. 닭이나 참새는 흙을 뒤집어 쓰며 깃털에 붙은 기생충을 털어냅니다. 어치는 특이하게도 불개미집 더미에 올라앉아서는 개미집을 헤칩니다. 그러면 개미들은 침입자를 응징하기 위해 개미산을 쏘아대는데 어치는 이것으로 몸을 소독합니다.

갈매기들은 강 하구나 얕은 물에서, 까치는 하천이나 공원의 연못에서, 도시의 참새들도 분수대나 음수대에서 흘러나오는 얕은 물에서 목욕을 합니다. 시골이나 숲에 사는 새들은 깨끗하고 얕은 계곡이나 냇물에서 목욕합니다.

장소가 넓은 곳이라면 여러 마리가 함께 들어가 물을 첨벙이면서 목욕하기도 하지만, 물이 졸졸 흐르는 개울이나 좁은 웅덩이에서는 한 마리가 물에 들어가 목욕하는 동안 다른 새들은 나뭇가지에 앉아 차례를 기다립니다. 절대 새치기하는 일이 없습니다. 목욕을 끝낸 새들은 양지바른 나뭇가지에 앉아 깃털을 말리고 다듬으며 기름칠을 합니다.

숲속의 졸졸 흐르는 물을 찾아
목욕하는 노랑딱새

흙으로 목욕하는 꿩

물을 튕겨가며 목욕하는 검은머리방울새

호사도요의 목욕

초지 옆 물이 고인 곳에서 목욕하는 휘파람새

사람들이 이용하는 음수대에 찾아온 진박새

하천의
얕은 물가에서
목욕하고 깃털을
다듬는
알락할미새

나비는
꿀만 빨아 먹을까요?

나비 애벌레는 종마다 다양한 식물을 먹습니다(진딧물을 먹는 바둑돌부전나비 같은 예외도 있지만). 그렇다면 폴폴 날아다니는 어른나비는 무얼 먹을까요? 사람들은 대부분 "꽃의 꿀"이 라고 대답합니다. 여러분의 생각도 그런가요?

학교나 정원, 산과 들에는 갖가지 꽃들이 핍니다. 호랑나비, 작은멋쟁이나비, 긴은점표범나비, 줄점팔랑나비 등 색깔과 무늬가 다양한 나비들이 공연이라도 하듯 꽃 위를 날아다닙니다. 역시 꽃에는 많은 나비들이 모입니다.

숲이나 산에서는 상처를 입었거나 병이 들어서 수액이 흘러나오는 나무를 볼 수 있습니다. 수액이 흘러내려 축축해진 곳에는 사슴벌레나 장수풍뎅이 등 많은 곤충들이 모여들며, 나비도 예외가 아닙니다. 수노랑나비나 왕오색나비, 유리창나비도 모여 잔치를 벌입니다.

산길에 물이 고이거나 냇가의 축축한 곳, 습기가 있는 바위도 나비들의 훌륭한 식탁입니다. 흙이나 돌에 있는 미네랄을 섭취하려고 모여드는 나비가 많습니다.

나비는 동물의 똥에도 잘 모입니다. 산골 마을의 외딴집을 지키는 개들이 산과 밭을 돌아다니며 싸놓은 똥이나, 족제비나 너구리가 산길에 싸놓은 똥에는 대왕나비, 번개오색나비, 멧팔랑나비 등 예쁜 나비들이 붙어 앉아서 대롱을 꽂고 식사를 즐깁니다. 평소 같으면 가까이 다가가기도 힘들만큼 예민한 나비들이 얼굴을 바짝 들이대고 사진을 찍는데도 날아가지 않는 것을 보면 얼마나 맛있길래 그러는지 궁금해지기까지 합니다.

똥에 앉은
번개오색나비

손가락에 난 땀을
빨아먹는
유리창나비

이제껏 보지 못했던 나비를 보고 싶다면 꼭 챙겨가야 할 것이 무엇인지 알겠지요? 개똥도 쓸데가 있답니다.

꽃에서 꿀을 빠는 나비

은점표범나비

도시처녀나비

노랑나비

왕팔랑나비

줄점팔랑나비

작은표범나비

산제비나비

은판나비

큰줄흰나비

왕오색나비

수노랑나비

대왕나비

멧팔랑나비

누군가 배설하고 묻어 놓은 곳에 모인 산제비나비

암컷이 화려하지 않은 이유

동물의 수컷은 화려하고 멋있지만 암컷은 수수한 편입니다. 새들도 암컷보다 수컷이 화려한 경우가 많습니다. 원앙만 보더라도 수컷은 색깔이 다양한 깃털로 화려하게 장식했는데 암컷은 수수하고, 청둥오리 머리의 멋진 청색 광택도 수컷에게만 있습니다. 노랑턱멧새도 수컷 머리깃만 노란색으로 염색한 듯 화려합니다. 꿩, 닭, 딱새 등 다른 새들도 마찬가집니다. 그래도 자세히 관찰하면 수컷의 화려함과는 다른 수수한 아름다움을 암컷에게서 발견할 수 있습니다.

암컷의 깃털은 왜 눈에 잘 띄지 않는 색일까요? 간혹 수컷이 알을 품는 새도 있지만 대부분은 암컷이 알을 품고 새끼를 돌봅니다. 둥지에서 오랫동안 알을 품어야 하며, 새끼들이 깨어 나와 돌볼 때도 암컷의 역할이 큽니다. 그런데 만일 암컷의 깃이 화려하다면 이 기간 동안 천적의 눈에 띌 가능성이 높아지겠지요. 맞습니다. 암컷은 새끼들을 안전하게 돌보기 위해 화려한 치장을 포기한 것입니다. 왠지 늘 편안한 옷을 입고 화장기 없는 얼굴로 아이를 돌보는 우리 어머니들이 떠오릅니다.

알을 품는 큰유리새 암컷

원앙 수컷(왼쪽)과 암컷(오른쪽)

청둥오리 암컷과 수컷. 머리가 청색인 것이 수컷이다.

노랑턱멧새 수컷

노랑턱멧새 암컷

딱새 수컷

딱새 암컷

호사도요 수컷(뒤)과 암컷(앞). 호사도요는 수컷이 육아를 전담한다.

고방오리. 가슴이 흰색인 것이 수컷이다.

황금새 수컷

황금새 암컷

유리딱새 수컷

유리딱새 암컷

큰유리새 수컷

큰유리새 암컷

겉모습으로
판단하지 마세요

"오리도 날 수 있나요?"

많은 사람들이 묻습니다. 오리는 엉덩이가 커서 뒤뚱거리기만 하며, 날지 못한다고 생각합니다.

어릴 때부터 동화책이나 노래를 통해서 알았고, 주변에서 쉽게 봐왔지만, 정작 오리를 제대로 아는 사람은 많지 않습니다. 오리라는 말은 오리과(Family Anatidae)에 속한 새들을 통틀어 부르는 것입니다. 오리과에는 세계적으로 149종이 있고 한국에는 45종 이상이 있습니다. 우리가 잘 아는 기러기나 백조라고 불리는 고니도 오리과에 속합니다. 생김새나 생태적 특성이 다양해 오리과의 새들을 기러기류, 고니류, 혹부리오리류, 수면성 오리류, 잠수성 오리류, 비오리류 등으로 나누기도 합니다.

겨울에는 오리가 많이 보입니다. 북쪽에서 번식한 오리들이 겨울을 보내려고 찾아오니 전국 어느 하천에서라도 쉽게 만날 수 있습니다. 청둥오리, 흰뺨검둥오리, 쇠오리 등은 어디서나 보이고, 눈여겨본다면 알락오리, 홍머리오리, 청머리오리 등도 만날 수 있습니다. 지역에 따라서 고방오리, 흰뺨오리, 흰비오리, 흰죽지, 넓적부리, 가창오리, 댕기흰죽지, 비오리 등도 어렵지 않게 볼 수 있습니다. 바다에서는 검둥오리, 흰줄박이오리, 바다비오리와 같은 종류를 볼 수 있습니다.

오리는 아름답기도 합니다. 깃털 하나하나가 얼마나 정교한지, 햇빛에 반사되어 반짝이는 광택과 줄무늬가 얼마나 아름다운지, 보는 이의 마음을 사로잡

겨울, 마을 근처의 하천에서
많은 오리를 볼 수 있다.

청둥오리

습니다.

　오리는 단거리 순간속력은 조금 느리지만 장거리 비행에 있어서는 시속 80킬로미터 이상으로 날아 새들 중에 최고입니다. 맹금류나 도요물떼새보다도 빠른 속도이니 "뒤뚱 뒤뚱 오리궁뎅이"라는 말을 무색케 합니다.

고니류(큰고니)

수면성오리류(고방오리)

기러기류(쇠기러기)

잠수성오리류(흰뺨오리)

비오리류(비오리 암컷)

혹부리오리류(혹부리오리)

청둥오리

흰뺨검둥오리

쇠오리

알락오리

홍머리오리

청머리오리

고방오리

흰뺨오리

흰비오리

255

흰죽지

넓적부리

댕기흰죽지

검둥오리

흰줄박이오리

바다비오리

호사비오리

비오리

고니

붉은부리흰죽지

호사비오리

꽃은 아름답지만 다가가기 싫어요

몇 년 전 9월에 지금 살고 있는 집으로 이사를 왔습니다. 집 앞에 작은 텃밭도 있고, 마당 둘레에 층층나무, 살구나무, 백당나무, 다래나무, 향나무 등이 있어 참 맘에 들었습니다.

한두 달이 지나 낙엽이 질 무렵, 마당에서 구린내가 풍겨왔습니다. 어찌나 지독한지 창문을 열어놓을 수도 없었습니다. 어디서 냄새가 나는지 집 주변을 샅샅이 수색했습니다. 정화조 근처에 가서 코를 킁킁거리기도 하고, 장독대 뚜껑도 열어보았습니다. 그러나 끝내 냄새의 원인을 찾지 못하고, 그저 옆집에서 메주를 만들었나 보다 생각하며 그해 가을을 보냈습니다.

이듬해도 같은 냄새가 났습니다. 이번에는 이웃집에서 정화조를 청소하나 보다 생각하며 구린내가 사라지기를 기다렸습니다. 3년 째, 다시 냄새가 나기 시작할 때는 옆집을 찾아갔습니다. 옆집 아저씨와 이야기를 나눠보니, 그 집도 해마다 고약한 냄새에 시달리고 있었답니다.

대체 무엇 때문일까? 다시 한 번 주변을 살펴보기로 했습니다. 냄새가 점점 짙어지는 방향을 찾아가다 보니 옆집과 우리 집 사이에 있는 백당나무 앞에 다 다랐습니다.

바로 백당나무가 고약한 냄새의 원인이었습니다. 알아보니 백당나무가 나 뭇잎을 떨어트릴 무렵이면 나무에서 고약한 냄새를 풍긴답니다. 봄이면 예쁜 꽃을 피워 주위를 아름답게 했던 나무지만 가을마다 악취를 참을 생각을 하니 끔찍했습니다. 그래서 아쉽지만 백당나무를 베어버렸고, 낙엽도 모두 긁어 불

낙엽 질 무렵
고약한 냄새를
풍기는 백당나무

나뭇잎이
모두 떨어지고
열매만 남았다.

악취를 풍기는 백당나무 낙엽

태웠습니다.

몇 년 전 가을, 지리산 등산로에 고약한 냄새가 난다며, 누가 똥을 싼 것 같다는 민원이 잦았습니다. 그러나 한두 사람의 배설물로 고약한 냄새가 널리 퍼지고 오랫동안 지속될 수는 없습니다. 냄새의 원인은 마타리였습니다. 마타리 뿌리에서 고약한 냄새가 나는 것은 잘 알려졌지만 잎도 단풍이 들어 시들면 똥오줌 냄새를 풍깁니다. 마타리가 유난히 많은 등산로에 구린내가 진동했던 것입니다.

고약한 냄새를 풍기는 식물 중에 으뜸이라면 누린내풀을 들 수 있습니다. 암수술대가 길게 휘어져 나온 꽃 모양과 색깔이 독특하고 아름다워 다가가게 되지만, 잎이 흔들려 냄새가 퍼지면 이내 인상을 찌푸리며 물러서게 됩니다. 정말이지 냄새를 한 번 맡으면 머리가 아파서 멍해집니다. 아무리 꽃이 좋다지만 나쁜 냄새를 풍기는 식물에는 다가가기가 쉽지 않네요.

꽃이 지고 나면 구린내를 풍기는 마타리   뿌리에서 냄새가 나는 노루오줌

수술과 암술이 길게 휘어 멋스러운 누린내풀 꽃

누린내풀의 잎을 문지르면 표현하기 어려운 기분 나쁜 냄새가 난다.

겨울만 되면
뚱뚱해 보이는 새

"박새가 너무 뚱뚱해 보여요. 비만인 것 같아요."

"저렇게 먹으니 그렇지. 쟤네는 다이어트도 안하나 봐요."

추운 겨울, 함께 새를 관찰하던 아이가 말했습니다.

"그럴 리가 있겠니. 새들은 뚱뚱해지면 비행에 영향을 미치기 때문에 필요한 만큼만 먹지 절대 과식하지 않는다."고 설명해 주었습니다.

그런데 겨울에 새를 관찰하다 보면 정말 통통해 보입니다. 왜 그럴까요? 정답부터 말하자면 체온을 유지하기 위해서입니다. 새들이 체온을 유지하는 방법은 여러 가지이며, 깃털도 그런 역할을 합니다. 깃털을 움츠리거나 부풀려 두께를 조절하는 것으로, 겨울에는 체온을 빼앗기지 않으려고 깃털을 부풀리고, 여름에는 열을 발산하려고 깃털을 몸에 붙입니다. 그래서 겨울에는 뚱뚱해 보이고 여름에는 날씬해 보입니다.

깃털의 보온력이 뛰어나다는 것은 모두가 알고 있습니다. 혹한도 견딜 만큼 부드러운 솜털이 많이 들어간 거위털 파커라도 꾹꾹 눌러 압축하면 생각보다 부피가 작습니다. 그렇게 얇게 눌러 부풀어 오르지 못하게 박음질해버리면 방한복 역할을 못하는 것과 같은 이치입니다.

새들은 이처럼 깃털을 잘 이용해 겨울을 나지만 그렇다고 추위를 안 타는 것은 아닙니다. 눈 쌓인 나뭇가지에 앉아 쉬고 있는 노랑턱멧새가 한 발씩 번갈아가며 깃털 속에 발을 묻는 것이 추워서 어쩔 줄 모르는 것 같습니다. 우리는 옷을 여러 겹 껴 입고도 춥다고 투덜댈 때가 많은데, 괜시리 부끄러워집니다.

박새

쇠박새

오목눈이

방울새

부채꼬리딱새

쑥새

참새

노랑턱멧새

멧종다리

콩새

동고비

옅은발종다리

개성 넘치는 새소리,
느낌은 제각각

"참새 쨱쨱, 오리 꽥꽥" 모든 새들은 저마다의 소리를 냅니다. 딱새는 "딱딱", 까치는 "까아까아", 찌르레기는 "찌륵찌륵", 직박구리는 "찍-빡", 뻐꾸기는 "뻐꾹"처럼 어떤 새들은 그들이 내는 소리로부터 이름 지어진 경우도 있습니다. 부엉이, 고니, 두루미, 쏙독새, 개개비, 꿩도 마찬가지입니다.

노래를 잘 부르는 아이를 보면 "종다리처럼 노래를 잘 부른다." "꾀꼬리처럼 목소리가 좋다"고 이야기합니다. 화를 내고 신경질적으로 말하며 참견하는 사람에게는 오리 소리에 빗대어 "꽥꽥거린다."고 하고, 한시도 쉬지 않고 입을 놀리며 이야기하는 사람을 보고는 "촉새 같다."고 이야기 합니다. 그 새의 소리와 음색이 그 새의 이미지가 된 경우입니다.

많은 사람들이 깃털이 파란 큰유리새가 아름답게 노래 부르는 것을 당연하다 생각하는 반면, 개울에 사는 물까마귀 소리는 좋지 않을 거라고 생각합니다. 아마도 어둡고 칙칙한 깃털 때문인 듯합니다. 그러나 물까마귀가 부르는 청아한 봄노래를 듣는다면 그런 생각이 오해였다는 것을 알게 됩니다.

맹금류의 비명 지르는 듯한 소리는 듣기에 그다지 좋지 않고, 호랑지빠귀의 으스스한 소리는 어쩐지 오싹합니다. 반면에, "또롱, 또롱" 맑은 방울새 소리는 기분을 상쾌하게 합니다.

사람도 마찬가지 아닐까요? 친절하고 다정한 말은 주변 사람들을 기쁘게하고 좋은 인상을 남기며, 좋은 별명이 되어 돌아옵니다.

푸른 깃이 예쁜 큰유리새는 노랫소리도 아름답다.

노래를 잘 부르는 아이들에게 종다리 같다고 한다.

숲속에서 오싹한
소리를 내는 참매

으스스한 밤풍경을 만드는 호랑지빠귀

말이 많은 사람을 촉새 같다고 한다.

"쪼로롱" 예쁜 소리를 내는 방울새

찌르레기

직박구리

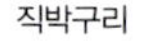

부엉이

고니

재두루미

쇠개개비

벌초해주는
무덤에서 살아요

3, 4월 무덤가 누런 잔디밭에서 보송보송 하얀 털을 뒤집어�쓴 할미꽃이 핍니다. 진한 자주색 꽃잎에 노란 꽃밥이 무척 정열적입니다. 그런데 이름 때문일까요? 누런 풀들 사이에 서 있는 모습이 왠지 쓸쓸해 보입니다.

할미꽃이란 이름은 온 몸에 하얀 털을 뒤집어쓰고 줄기가 휘어 땅을 보고 있는 모습이 허리 굽은 할머니의 모습을 닮아 붙여졌답니다. 한자말로는 백두옹(白頭翁)이라고 부르는데, 이것은 자주색 꽃이 지고 씨앗이 영글면, 줄기가 꼿꼿이 서서 길어지고, 씨앗에 붙어 있는 기다란 털이 노인의 흰 머리카락처럼 흩날리는 모습을 본딴 것입니다.

할미꽃은 미나리아재비과의 여러해살이식물로, 독성이 있어 아이들이 함부로 만지지 못하게 했습니다. 옛날에는 재래식 화장실에 던져 넣어 우글거리던 구더기를 퇴치했을 만큼 독성이 강합니다.

할미꽃은 유독 무덤 잔디밭에서 잘 자랍니다. 산의 나무를 베어 땔감으로 사용하던 시기에는 초지가 많아 곳곳에 할미꽃이 자랐지만, 작은 뒷동산에도 나무가 빽빽이 자라는 요즘에는 숲에서 할미꽃을 보기 힘들어졌습니다. 반면에 무덤 주변은 매년 벌초해 키 큰 식물들을 제거해 주니 햇빛을 좋아하는 할미꽃이 살기에 좋습니다.

키 큰 풀과 나무에 덮이지 않도록 무덤을 관리해 주어야 살 수 있는 할미꽃을 보며, 우리를 키우느라 애쓰시는 부모님이 살아계실 때 더 많이 효도하고 기쁘게 해드려야 겠다고 생각했습니다.

수술 가운데 암술이 있다. 꽃잎 안쪽에는 털이 없다.

숲이 울창해져 정기적으로 벌초하는 무덤가에서 볼 수 있다.

마른 풀 사이에서 싹을 내민다.

추위를 많이 타는 것처럼 흰 털을 뒤집어쓰고 나온다.

씨앗이 거의 다 익으면 줄기가 꼿꼿이 서며, 씨앗에는 길고 흰 털이 있다.

씩씩하게 살아야지.
난 소중하니까!

바위틈에서
하늘 보며 피는 꽃

동강할미꽃은 동강 줄기를 따라 성처럼 솟은 석회암 기암절벽 틈에 뿌리를 내립니다. 크기는 15센티미터 정도이며, 전체가 하얀 솜털로 덮여 있습니다. 할미꽃과 비슷하게 생겼으며 우리나라에만 자생하는 특산식물입니다.

동강은 영월읍 동쪽을 흐르는 남한강 지류로 정선읍 가수리에서 영월읍 하송리까지 이르는 65킬로미터 구간을 말합니다. 동강 유역에는 석회암으로 이루어진 바위지형이 발달해 여러 가지 희귀한 식물이 자랍니다.

동강할미꽃은 같은 절벽에 자라도 포기마다 꽃잎 색깔이 조금씩 다릅니다. 연분홍색부터 진한 자주색까지 다양한 색을 띱니다. 할미꽃이 구부정하게 땅을 향해 피는 것과 달리, 동강할미꽃은 꼿꼿하게 하늘을 향해 핍니다.

동강할미꽃은 최근에야 발견되어 알려졌습니다. 조금 이른 시기인 3월 중순에 꽃이 피고 특정 지역의 석회암 절벽에서만 자라는 식물이 있을 거라고는 누구도 생각하지 못했던 것이지요.

유유히 흐르는 강물을 바라보며 거친 바위틈에서 당당하게 꽃을 피우는 모습이 참 대견합니다.

동강 변 석회암 지대에서 자란다.

두 가지 색깔의
꽃이 한데 피었다.
같은 곳에 피어도
꽃 색깔이
다양하다.

온 몸이 흰 솜털로 덮여 있다.

동강고랭이와 함께 자라고 있다.

할미꽃과 달리 꽃이 하늘을 향해 핀다.

길을
가르쳐주는 풀

시골이나 산길에 나란히 찍힌 바퀴자국 사이에 납작하게 엎드려 사는 질경이
는 흙속에 어느 정도 습기만 있으면 다져진 땅이어도 잘 살아갑니다.

　이름에서도 그 특징을 알 수 있습니다. 길에 살면서 발에 밟히고 바퀴에 눌
려도 죽지 않을 정도로 생명이 질겨서 질경이가 되었다고도 하고, 잎이나 꽃대
를 뜯어보면 잘 끊어지지 않을 정도로 질겨서 질경이라는 이름이 붙었다고도
합니다. 잎을 두 손으로 당겨 잘라보면 잎맥의 하얀 심이 끊어지지 않고 쭉 뽑
혀 나오는 것을 볼 수 있습니다.

　또 다른 유래는 기름을 지름으로 부르는 것처럼 옛 이름 길경이가 질경이로
불리게 되었다는 것입니다. 길을 가르쳐 주는 풀이라는 뜻입니다. 한자말로는
차전초라 부르는데, 그 뜻 또한 마차가 굴러다니는 길에 자라는 풀이라는 의미
이니 길과 연관이 있습니다. 걸어서 산을 넘고 물을 건너 먼 길을 오가던 옛날
에 질경이는 길을 알려주는 고마운 '도로표지풀'이었습니다.

　돌려난 잎의 가운데서 올라온 이삭 모양 꽃대에는 아래쪽부터 암술이 먼저
나옵니다. 얼음으로 조각한 듯 하얀색 실 모양 암술은 꽃대가 길어지면서 나선
을 그리며 빼곡히 줄지어 올라오고, 며칠이 지나 먼저 핀 암술이 시들면 그 자
리에서 수술이 나와 꽃가루를 날립니다. 꽃대가 10센티미터 이상 길어지면 한
꽃대의 맨 위는 암술, 가운데는 수술, 아래는 씨앗이 맺힌 것을 볼 수 있습니다.

　질경이는 바람에 꽃가루를 퍼트리고 수정하는 꽃이어서 암술이 먼저 나오는
것이 건강한 씨앗을 맺게 하는 방법입니다. 먼저 나온 암술이 다른 곳에서 날

질경이는 사람이나 농기계가 다니는 흙길에 산다.

아온 꽃가루로 수정되고, 뒤에 나온 수술의 꽃가루는 바람을 타고 다른 곳으로 날아가 수정하게 되니 근친 교배를 피할 수 있습니다.

다른 식물은 싫어하는 길 한가운데 뿌리를 내려 생태계의 한 부분을 책임지고, 발에 밟히면서도 뛰어난 약재와 나물로 쓰이며, 질서 있게 꽃 피우며 살아가니 과연 길(道)을 가르쳐 주는 것 같습니다.

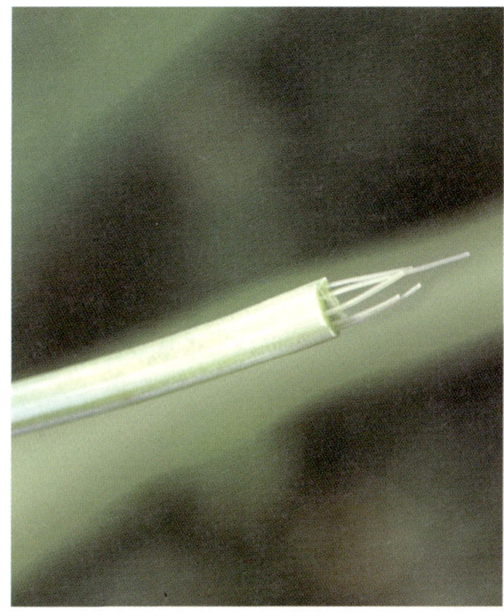

질경이 잎에는 다섯 개 안팎의 맥이 있고,
각 맥 안에는 질긴 심이 들어 있다.

질경이의 꽃은 암술이 먼저 나온다. 자라면서 위쪽에는
암꽃이 계속 나오고 아래쪽은 시든다.

질경이 잎

암꽃 아래쪽으로 보라색이 나는 수술이 뒤이어 나온다.

고깔모자를 하나씩 쓴 질경이 열매 안에는
까맣고 작은 씨앗이 들어 있다.

양털로 만든
포근한 둥지

스윈호오목눈이가 양털로 지은 둥지를 보고 싶었습니다. 몽골의 모래지대를 한참동안 걸어 다녔지만 찾을 수가 없었습니다. 그만 포기하고 돌아가려던 순간, 높은 나뭇가지에 헝겊조각 같은 것이 매달려 바람에 흔들리는 것이 보였습니다. '바로 저거다'라는 생각이 들어 나무 위로 올라가 보니 그렇게 찾던 둥지의 조각이 맞습니다.

오래전 쓰던 둥지의 조각이지만 이곳이 스윈호오목눈이가 서식하는 장소라는 것을 알게 되었으니 다시 찾아보기로 했습니다. 조금 전의 둥지 조각이 붙어 있던 나무와 생김새가 비슷한 나무가 100여 미터 떨어진 곳에 있었습니다. 쌍안경으로 보니 어렴풋이 둥지 같은 것이 보여 단숨에 달려갔습니다. 양털로 잘 짜여진 하얀 앙고라 벙어리장갑 같은 둥지가 나뭇가지에 매달려 흔들리고 있었습니다.

높은 곳에 매달려 있고 새는 코빼기도 보이지 않으니 지금 사용하는 둥지인지 예전에 쓰고 버린 둥지인지 확인할 길이 없었습니다. 자동차에 올라가서 보면 좋겠는데, 모래지대여서 차가 들어올 수 없을 것 같았습니다. 그런데 운전을 해준 몽골 친구가 한번 시도해 보자고 했습니다. 여러 번 시도한 끝에 둥지 밑에 차를 대고 그 위에 올라가 둥지를 들여다 보았습니다.

그런데 이게 웬일입니까? 바람에 이리저리 흔들리는 둥지를 손으로 잡고 도톰한 양털의 촉감을 느끼며 들여다 본 둥지 안에서 스윈호오목눈이가 긴장한 눈빛으로 저를 보고 있었습니다. 더 놀라운 것은 암컷과 수컷이 함께 알을 품

둥지의 높이가 14센티미터고 입구의 지름이 2.5센티미터이다.
둥지와 비교해 보면 얼마나 작은 새인지 가늠할 수 있다.

작은 구멍으로 드나드는 것이 신기하기만 하다.

스윈호오목눈이의 서식환경. 모래로 이루어진 언덕의 드문드문 서 있는 나무에 둥지를 튼다.

나무 아래에서 본 둥지. 어른 키의 두 배 정도 높이에 매달려 있다.

고 있었습니다. 새들은 대부분 둥지 근처에 다가가기만 해도 황급히 달아나는데, 이들은 우리의 소란에도 아랑곳하지 않았던 것입니다.

　아무리 둘러봐도 이 새들이 사는 환경이 좋은 것 같지는 않았습니다. 황량한 모래 언덕에 나무가 띄엄띄엄 서 있고, 하루에도 몇 번씩 황사바람이 몰려오고, 심한 일교차로 인해 바람이 계속 불어 나뭇가지는 쉴 새 없이 그네 타듯 흔들립니다. 나무가 많지 않으니 먹이를 구하기도 쉽지 않아 보입니다. 이처럼 열악한 환경에서 버려진 양털 몇 가닥씩 주어다가 예쁘고 포근한 둥지를 짓고 서로 의지하며 함께 지내는 모습을 보며 좋은 환경과 풍족함이 행복의 조건은 아니라는 생각을 했습니다.

둥지가 아래로 늘어진
나뭇가지에 매달려 있고,
바람이 많이 부는 곳이어서
쉴 새 없이 흔들린다.
몽골에서는 이 둥지를
어린 아이들의 겨울 양말로
사용한다고 한다.

둥지를
보수하기 위해
양털을
물고 왔다.

둥지를 보수하는 수컷.
둥지가 매달려 있는 가지와 연결된 모든 가지가
양털로 잘 엮여 있다.
나뭇가지가 부러질 것을 대비해
튼튼하게 만든 것이다.

손 큰기와 비교하면 얼마나 작은 새인지 알 수 있다.

양식을
저장하는 새

어치는 산에 사는 까치라는 뜻에서 산까치라고 더 많이 부릅니다. 크기는 까치 만한데 머리와 배 부분은 황토색이며 날개 가운데에는 흰색, 파란색, 검은색 무늬가 섞여 있어 쉽게 구별할 수 있는 텃새입니다.

어치는 다양한 소리를 낼 수 있습니다. 한번은 이른 봄이라 꾀꼬리가 오기 전인데 꾀꼬리 소리가 들려 반가운 마음에 찾아보니 어치가 꾀꼬리 흉내를 내

땅콩을 물어 나르는 어치

고 있어 보기 좋게 속았던 적이 있습니다. 심지어는 나무 위에서 고양이 소리를 내 놀라게도 했고, 맹금류의 소리까지 따라하니 한마디로 모창의 천재입니다.

어치가 잘하는 것 하나가 더 있습니다. 어느 해 집 앞 텃밭에 땅콩을 심어 두어 말 수확했습니다. 흐르는 물에 흙을 씻어 낸 뒤 한 소쿠리는 쪄서 나눠 먹고 나머지는 자리를 깔고 말렸습니다. 두어 말이라지만 널어보면 그리 많지 않아 돗자리 하나면 충분했습니다.

일주일 동안 말리는데 2~3일 지나니 땅콩이 조금 줄었습니다. 누구 짓인가 숨어서 지켜보니 어치가 나타나 땅콩 몇 개를 물고 날아갑니다. 어치는 먼발치에서 지켜보다가 사람이 없으면 잽싸게 날아와 땅콩을 물어갔습니다. 어치 사이에서 소문이라도 나면 얼마나 몰려오는지 농사지어 수확한 사람은 맛보기도 힘들 정도입니다. 적당히 몇 개만 먹고 가면 좋을 텐데, 욕심껏 계속 물어가니 좀 얄미웠습니다.

어치가 땅콩을 물어가는 이유는 겨울을 대비해 양식을 저장해 두려는 것입니다. 가을이 되어 밤과 도토리가 익어 떨어지면 어치는 바빠집니다. 좋아하는 도토리나 밤을 입 안 가득 물고는 날아가서 풀들이 적은 곳에 땅을 파고 하나씩 묻어 놓습니다. 이렇게 저장하는 양이 몇 백 개에서 몇 천 개나 됩니다. 겨울이 되어 땅이 눈으로 덮이고 먹을 것이 귀해지면 숨겨 놓은 양식을 꺼내 먹습니다.

어치에게서 배웠는지 곤줄박이도 저장행동을 합니다. 자기가 좋아하는 먹이가 있으면 배불리 먹은 다음 나무의 썩은 구멍이나 껍질 사이에 끼워 넣습니다.

어치는
높은 나무에
둥지를 만든다.

땅콩을 먹으러 온
곤줄박이.
쇠박새나 동고비는
먹을 것만 물고 가지만
곤줄박이는 저장소에
숨겨놓고 와서
계속 물어 나른다.

달력 없이도
때를 알아요

4월 초, 꽃샘추위가 지나고 따스한 햇살이 대지의 온도를 서서히 높여 주면 나무들이 하나둘 기지개를 펴기 시작합니다. 그러나 아직 잎이 트기에는 이른데 일찌감치 깨어난 생명이 있습니다. 참나무에 사는 부전나비류의 애벌레들입니다.

지난해 여름, 큰녹색부전나비 암컷은 건강한 신갈나무와 갈참나무의 굵고 튼튼한 겨울눈 아래에, 1밀리미터 크기인 작은 알을 낳았습니다. 애벌레가 알에서 깨어 나오면 꽃과 잎을 먹고 자라야 하기 때문입니다.

참나무 가지에 물이 올라 꽃눈과 잎눈이 통통하게 부풀어 올랐을 때 알 속의 애벌레는 알껍데기를 갉아 먹기 시작합니다. 애벌레의 크기는 고작 2밀리미터 미만이어서 바로 앞에 두고도 찾기 힘듭니다. 작디작은 애벌레는 그 조그마한 알을 뚫고 나오는 것이 힘겨운지 쉬는 시간이 대부분입니다. 한참 만에 빠져나올 만한 구멍을 겨우 뚫고 까만 머리부터 내밀기 시작합니다. 몸이 다 빠져나오면 곧 움이 틀 겨울눈을 찾아 지체 없이 올라가서 껍질 틈으로 파고 들어갑니다. 도톰하게 물이 오른 겨울눈 속에서 안전하게 지내면서 몸을 키워야 하기 때문입니다.

파란 싹을 내밀기 직전의 도톰한 꽃눈 속은 아주 연하고 영양가도 높습니다. 며칠이 지나 잎이 나고 꽃대가 나오면 애벌레는 허물을 두세 번 벗어 질긴 잎도 먹을 수 있을 만큼 자랍니다.

만약 이 작은 애벌레가 때를 잘 못 맞춰 너무 일찍 깨어났다면, 겨울눈 껍질

알에서 깨어 나오는 북방녹색부전나비. 크기가 1.5밀리미터 정도여서 자세히 보아야 찾을 수 있다.

겨울눈을 뚫고 들어가는 북방녹색부전나비 애벌레

이 너무 질겨 뚫고 들어가지 못해 굶게 되고, 반대로 너무 늦게 나오면 잎이 너무 세서 굶게 되니 결국 죽고 말 것입니다. 알 속에 갇혀 있는 작은 생명이 어떻게 그 시간을 절묘하게 맞추어 나오는지 참으로 신기합니다.

알에서 나와
겨울눈 위로
올라가는
산녹색부전나비
애벌레

참나무
녹색부전나비
애벌레

알에서 깨어 나오는 은날개녹색부전나비와 다 자란 종령 애벌레

알에서 깨어 나오는 물빛긴꼬리부전나비와 다 자란 종령 애벌레

물빛긴꼬리부전나비

은날개녹색부전나비

금강산녹색부전나비

산녹색부전나비

큰녹색부전나비

넓은띠녹색부전나비

깊은산녹색부전나비

겨울에
짝을 찾는 나방

봄기운이 느껴지는 2월의 오후, 뒷산에 올랐습니다. 발을 내딛을 때마다 바삭거리는 낙엽 소리가 컸는지 숲속의 동물들이 숨을 죽입니다. 미안한 마음에 재빨리 자리를 잡고 숲의 일부가 된 듯 몸을 낮춘 뒤, 가만히 숲속의 소리에 귀를 기울입니다.

따뜻한 햇살 사이로 서늘한 바람이 이따금 지나가니 어설프게 자리 잡은 낙엽이 들썩입니다. 산새들이 다시 나뭇가지를 타고 놀기 시작하자 숲은 이내 제 모습을 찾은 듯 활기를 띱니다.

갑자기 어디선가 나방 두 마리가 날아오더니 낙엽 위 한 자리를 맴돕니다. 오늘 찾아보려 한 겨울자나방인 것 같아 쏜살같이 달려갔습니다. 순식간이었지만 어느새 한 마리는 날아가고 다른 한 마리는 낙엽 아래로 들어갔는지 보이지 않습니다. 낙엽을 살짝 뒤집어보니 수컷은 벌써 암컷을 만나 짝짓기를 하고 있습니다.

그 사이 몇 미터 앞의 신갈나무에도 겨울자나방 한 마리가 날아듭니다. 달려가니 가지 끝의 겨울눈에 매달려 짝짓기하는 한 쌍이 보입니다. 방금 날아왔는데 그새 암수가 붙어 있다니…….

몸길이가 1센티미터가 채 되지 않는 암컷은 생김새가 특이합니다. 나방이라면 당연히 있어야 할 날개가 없습니다. 암컷은 번데기에서 나오면 한 곳에 자리를 잡고 페로몬을 발산해 수컷을 부릅니다. 나무를 타고 올라가 가지 끝에 매달려 페로몬을 바람에 날려 보내면 자신의 위치를 더 쉽게 알릴 수 있을 텐

짝짓기하는 겨울자나방

겨울자나방이
사는
겨울의 숲속

암컷은
날개가 없다.

나뭇가지 위로 기어 올라가서 페로몬을 풍긴다.   페로몬에 이끌려 암컷을 찾아온 수컷은 지체 없이 짝짓기를 한다.

데, 관찰 결과 낙엽 아래에서 짝을 만나는 경우가 훨씬 많았습니다.

'왜 암컷에게는 날개가 없을까? 왜 낙엽 아래에서 수컷을 부르는 것일까? 이런 저런 생각을 하는데, 나방 몇 마리가 날아오르자 어디선가 직박구리가 날아와 나방을 챕니다. 먹을 것이 귀한 겨울에 곤충이 날아다니는 것이 얼마나 위험한 일인지 알겠습니다. 주위에 직박구리만 있는 것이 아닙니다. 나무 사이를 돌아다니는 박새, 곤줄박이, 오목눈이의 소리가 더 크게 들립니다.

그러고 나니 겨울자나방의 생김새나 행동이 이해가 되었습니다. 우선 알을 수정하고 낳아야 하는 암컷을 안전하게 보호하는 것이 이들에게는 중요한 일이었습니다. 그래서 암컷은 날개가 없이 눈에 띄지 않는 자리에서 조용히 수컷을 부르고, 암컷을 찾아 온 수컷과 몇 초 안에 짝짓기를 합니다.

다른 곤충의 경우, 수컷들끼리 암컷을 두고 다투는 일이 많은데 겨울자나방은 암컷이 수컷 한 마리를 선택하면 나머지 수컷들은 잠시도 지체하지 않고 다른 곳으로 피합니다. 수컷들끼리 경쟁하며 소란을 피운다면 새들에게 금방 들킨다는 것을 아는 것 같습니다.

낙하산 타고
땅으로

금강산귤빛부전나비는 금강산에서 처음 발견되어 붙은 이름입니다. 날개 편 길이는 3센티미터 정도이며, 날개 윗면은 주황색이고 아랫면은 노란 바탕에 흰색과 붉은색 띠가 있습니다.

암컷은 늦은 봄, 물푸레나무 굵은 가지의 홈에 알을 몇 개씩 모아 낳아 붙입니다. 이때부터 이듬해 초봄까지 약 10개월간을 알 상태로 지냅니다. 다시 봄이 되어 물푸레나무 가지 끝에서 싹이 터 오를 무렵, 작은 애벌레가 알껍데기를 갉아먹고 바깥으로 나옵니다. 그리고는 새싹이 나온 가지 끝으로 기어오릅니다.

애벌레의 크기가 1밀리미터 정도 밖에 되지 않아서 꿈틀거린다는 표현이 어울리지는 않지만, 이곳저곳 꿈틀꿈틀 기어 다니며 물푸레나무의 잎을 갉아먹다 보면 어느덧 번데기가 될 시기인 5월이 됩니다.

돌이나 나뭇잎에 붙어 번데기가 되기 때문에, 이제 애벌레는 땅으로 내려와야 합니다. 그런데 땅으로 내려오는 방법이 독특합니다.

물푸레나무 잎은 여러 갈래로 갈라진 겹잎인데, 애벌레는 가지 끝의 잎 3~5장만을 남기고 줄기를 갉습니다. 나뭇잎이 겨우 달려 있을 만큼 줄기를 자른 애벌레는 다시 잎으로 와서 단단히 자리를 잡습니다.

이제부터는 바람이 불어와 잎이 떨어지기만 기다립니다. 지나가던 바람이 달랑거리던 나뭇잎을 떨어트리면, 남겨두었던 나뭇잎이 비로소 제 역할을 합니다. 애벌레가 충격 없이 바닥에 떨어지게 하는 낙하산이 되는 것이지요.

안전하게 바닥에 내려온 애벌레는 낙하산 역할을 해주었던 잎으로 마지막

물푸레나무 잎을 낙하산 삼아 땅으로 떨어진 애벌레

물푸레나무 껍질의 작은 홈에 알을 낳았다.

식사를 하고는 안전한 장소를 찾아가 번데기가 됩니다. 1~2주가 지나면 날개가 돋고 어른벌레가 됩니다.

물푸레나무는 주로 물가에서 자랍니다. 그러니 애벌레가 붙어 있던 잎이 안전한 곳에 떨어지지 못하고 물에 떨어질 수도 있습니다. 만일 그리 된다면 익사하고 말 테니 큰일입니다. 물에 빠져버린 잎을 건져내면서 살아가는 장소와 환경이 얼마나 중요한지를 생각합니다.

물푸레나무는 산지 개울가에서 잘 자란다.

애벌레가 갉아 먹은 물푸레나무 잎

애벌레가 타고 내려온 물푸레나무 잎

322

떨어진 잎을 뒤집어보면 애벌레가 한 마리씩 붙어 있다.

물푸레나무는 개울가에 많이 살기 때문에 애벌레가 물에 떨어지는 경우도 많다.

땅으로 내려오면 번데기가 될 만한 안전한 장소를 찾아 간다.

번데기

날개가 돋은 어른벌레

언 땅에 뿌리내리고
눈 맞으며 피는 꽃

봄이 오면 빨리 보고 싶은 꽃이 있습니다. 산에 점점이 붉게 피는 진달래도, 담장마다 늘어져 노랗게 피어나는 개나리도, 꽃비 날리는 벚꽃도, 담장 위로 고상하게 흰 얼굴을 내미는 목련도 아닙니다. 내가 기다리는 꽃은 흩날리는 눈을 맞으며 서둘러 봄소식을 알리는 수수한 꽃, 너도바람꽃입니다.

꽃 이름은 조금 이상합니다. 바람꽃 종류(*Anemone*)는 아닌데, 바람꽃과 비슷하게 닮았다고 해서 너도바람꽃이라고 부르는 것입니다. 너도바람꽃은 완연

작지만 매력적인 너도바람꽃

너도바람꽃이 피는
시기의 겨울 숲.
관심 갖고 보아야
꽃이 핀 것을
확인할 수 있다.

옆에 놓인
토끼 똥과
비교하면 꽃의
크기를 짐작할
수 있다.

낙엽을 뚫고 올라오는 꽃대

꽃봉오리를 펼친다.

한 봄이 되어 땅이 완전히 녹기까지 기다리지 않고 일찍이 꽃을 피웁니다. 그래서 꽃을 피우다가 눈을 맞아 꽃잎이 누렇게 변할 때도 있지만 암술과 수술을 벌려 씨앗을 맺는데 아무 지장이 없습니다.

3월을 봄이라고 하지만 숲속은 여전히 한겨울입니다. 겨우내 쌓인 눈이 다 녹지 않아 듬성듬성 보이고, 계곡에는 여전히 두꺼운 얼음이 남아 있습니다. 아직도 밤에는 기온이 영하로 떨어지고 눈도 몇 번은 더 내립니다. 땅은 꽁꽁 얼어붙었지만, 낮에 잠깐 지나가는 희미한 봄기운이 숲 바닥의 부엽토를 살짝 녹여줍니다. 너도바람꽃은 그것을 신호 삼아 재빨리 싹을 밀어냅니다.

너도바람꽃은 낙엽 위로 5센티미터 정도 올라와 손톱만한 꽃을 피웁니다. 화려하지 않기 때문에 너도바람꽃 군락을 가로질러 걸으면서도 알아채지 못할 때가 많습니다. 너도바람꽃은 멀리서 보면 꽃처럼 보이지 않을 정도로 작지만 가까이 다가가 무릎을 꿇고 들여다보면 이루 말할 수 없을 정도로 아름답습니다. 연분홍색 수술 껍질을 가르고 나오는 꽃가루는 그야말로 보석 같습니다. 꽁꽁 언 땅에 뿌리를 내리고 있으니 참으로 대견합니다.

암술은 수술에 둘러싸여 있으며 수술 바깥쪽으로 꿀샘이 있다.

너도바람꽃의 변종(왼쪽). 꿀샘에 있어야 할 노란색 젤리가 흔적만 남아 있다.

수술의 꽃가루가 터져 알갱이가 보인다.

꽃이 핀 지 한 달이 지난 4월 말, 씨앗이 맺힌다.

꿩의바람꽃

복수초

얼레지

변산바람꽃

노루귀

칠발도 바다제비들에게
닥친 재난

칠발도는 그곳에 사는 바닷새를 보호하기 위해 천연기념물 332호로 지정된 섬입니다. 예전부터 밀사초가 군락을 이루어 바다제비가 살기에 아주 적당한 곳이었던 이곳에 위협적인 식물이 들어왔습니다. 바로 쑥과 쇠무릎입니다.

현재는 등대가 무인 자동시스템으로 운영되지만 1996년 이전까지는 등대지기가 상주했습니다. 사람이 살면서 채소를 조금씩 재배하자 채소밭에서 자라는 잡초들이 번식하기 시작했습니다. 채소 종자에 함께 섞여 왔는지, 사람의

쇠무릎 열매에 걸린 바다제비

밤이 되어
둥지 근처에 나온
바다제비

알을 품는
바다제비

옷이나 신발에 묻어 왔는지 알 수 없지만 쑥과 쇠무릎이 뿌리 내리게 된 것입니다. 생명력이 강한 두 식물은 원래 있던 식물을 서서히 밀어내며 퍼져나갔습니다.

그러자 바다제비들에게 재난이 닥쳤습니다. 쇠무릎 열매에는 갈고리처럼 날카로운 가시가 달려 있는데, 바다제비 날개가 여기에 걸리면 빠져나오지 못하고 죽게 된 것입니다.

바다제비의 날개는 활공하기에 적당한 구조여서 흠잡을 곳 없이 완벽하게 비행하지만, 이착륙은 누가 봐도 어설픕니다. 뛰어내릴 수 있는 공간이 있어야 날아오를 수 있고, 착륙할 때는 둥지 주변으로 떨어지듯이 내려앉은 뒤 둥지로 걸어 들어갑니다.

바다제비는 밤에만 둥지를 드나드는데, 새끼들의 먹이를 가지고 둥지로 돌아올 때 잘못 내리면 그만 쇠무릎 열매에 걸리게 됩니다. 날개를 움직일 때마다 더 많은 씨앗에 날개가 걸려 결국 빠져나오지 못하고 죽고 맙니다. 만약 암수가 모두 죽게 된다면 둥지에서 먹이를 기다리던 새끼도 굶어 죽을 수밖에 없습니다. 그렇게 쇠무릎 군락은 바다제비의 공동묘지가 되어갑니다.

칠발도를 여러 번 찾아가 쇠무릎을 제거하고 열매에 걸린 바다제비를 놓아주었지만 마지막으로 찾아 갔을 때 죽은 바다제비를 모으니 500마리가 훨씬 넘었습니다. 눈에 보이는 것만 수거한 것이 이정도이니 사람이 가기 힘든 곳에서 죽은 바다제비까지 합친다면 얼마나 많을까요? 칠발도의 바다제비들의 앞날이 참으로 걱정됩니다.

나에게는 쇠무릎 같은 것이 없을까? 대수롭지 않게 여기던 것이라도 꼼꼼히 살펴봐야겠습니다.

바다제비 날개는 활공에 적합한 구조여서 사람이 다가가도 곧바로 날아오르지 못한다.

밀사초 군락지. 바다제비는 밀사초 뿌리 아래에 굴을 파서 둥지로 이용한다.

쇠무릎 열매 끝에 갈고리 같은 가시가 있어 바다제비의 날개가 붙는다.

쇠무릎은 줄기 마디가 소의 무릎처럼 툭 불거져 나와 붙여진 이름이다.

쇠무릎에 걸려 죽은 바다제비 　　　　　　　　　　　　죽은 바다제비를 수거하니 500마리 이상이었다.

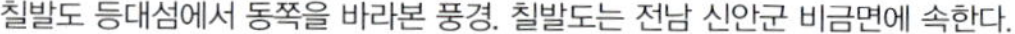

칠발도 등대섬에서 동쪽을 바라본 풍경. 칠발도는 전남 신안군 비금면에 속한다.

작은 산새들의
목숨 건 이동

계절에 따라 번식지와 월동지를 오가는 새들의 이동은 기적에 가깝습니다. 알바트로스나 슴새처럼 날갯짓을 하지 않고 기류를 타고 날 수 있는 새는 많지 않습니다. 새들 대부분은 쉴 새 없이 날개를 움직여야 날 수 있습니다.

봄철 이동 시기에 남쪽으로부터 바다를 건너와 도착한 새들의 몸무게를 살펴보았습니다. 길이가 14센티미터인 유리딱새는 12그램, 16센티미터인 휘파람새는 14그램을 넘지 못합니다. 숲새나 솔새류는 10그램이 채 되지 않고, 9센티미터인 상모솔새는 5.5그램 정도 밖에 되지 않습니다. 참새만한 새들의 무게가 12그램 정도밖에 안 된다는 것입니다. 쉽게 말해 겨울에 즐겨 먹는 호빵의 무게가 108그램이고, 500원짜리 동전이 7.7그램이니 새의 무게가 호빵의 십분의 일이나 동전 하나 정도입니다.

중국에서 우리나라까지 제일 짧은 경로로 날아온다 해도 500킬로미터가 넘는데 그 작은 몸으로 쉴 곳 없는 바다 위를 날아온다는 것은 상상을 초월하는 힘든 여정입니다. 맞바람이 불거나 비바람이라도 만나면 많은 수가 탈진해서 죽기도 합니다.

작은 산새들이 이런 힘든 과정을 겪어 가며 이동하는 이유는 무엇일까요? 산새들은 월동기를 지나 곤충이 활동하기 시작하면 그때를 맞추어 날아옵니다. 곤충의 발생이 최고조에 이르면 새들의 도래 역시 절정에 달합니다. 번식지에서는 벌레의 수가 급증하는 시기가 새끼들을 먹이는 시기와 일치합니다. 만약 새들이 이 시기에 그곳을 찾지 않는다면 생태계의 균형은 깨지게 되겠지요?

휘파람새

숲새

솔새

상모솔새

숲새의 무게

노랑허리솔새

좋으면 야생화
싫으면 잡초

싱그러운 여름의 대지는 온통 초록색으로 뒤덮여 있습니다. 가늘고 여린 풀들이 어디에서든지 싹을 틔우고 뿌리를 내리는 강인한 번식력으로 흙 한줌 찾아보기 힘든 도심에 초록빛을 선물합니다.

집 근처 화단에 핀 키 작은 주름잎, 큰개불알풀, 냉이, 제비꽃, 동네 뒷산 언저리에 핀 개망초, 광대나물, 둥굴레 등 봐달라고 손짓하는 들꽃이 지천입니다. 크기가 작지만 그 꽃의 화사한 색깔과 무늬는 찾아서 들여다보는 사람에게 잔잔한 미소를 머금게 합니다.

사람이 심거나 가꾸지 않아도 야생에서 저절로 나서 자라고 꽃을 피우는 풀을 야생화라고 합니다. 때로는 볼품없고 너무 잘 자라며, 강인한 생명력을 지닌 탓인지 잡초라고도 불립니다.

많은 사람들이 야생화는 산과 숲속에 피어 특별히 찾아 가서 봐야 할 귀한 꽃으로 생각하며, 집 모퉁이나 보도블록 사이에 난 풀꽃은 거들떠보지도 않습니다. 그러나 우리 주변에서 꽃 피우는 모든 풀이 야생화입니다. 관심을 가지면 야생화, 관심 밖에 있으면 잡초가 되니 야생화와 잡초의 차이는 관심인가 봅니다.

심지 않아도 저절로 자라나 수줍게 꽃피우는 풀꽃들을 편견 없이 바라봐주면 좋겠습니다.

마당이나 길거리에 있는 블록 사이에서도 많은 야생화들이 핀다.

꽃마리

개망초

개갓냉이

애기똥풀

양지꽃

제비꽃

쇠별꽃

주름잎

점나도나물

꽃바지(꽃받이)

346

중대가리풀

땅빈대

개미자리

마디풀

큰개불알풀

쇠비름

348

털진득찰

자귀풀

쥐꼬리망초

닭의장풀

익모초

명아주

한련초

물질경이

사마귀풀

벗풀

물달개비

논둑외풀

수염가래꽃

광대나물

개여뀌